先生、オサムシが研究室を掃除しています！

［鳥取環境大学］の森の人間動物行動学

小林朋道

築地書館

（少し、いや、かなり長い）
はじめに
けっこうきつい一年でしたが私はがんばりまーす

今、二〇一八年の二月だ。

「はじめに」で、何を書こうかと思い、何気なく、昨年五月に出版された先生！シリーズ第一巻を開いてみた。前回はどんなふうに書いたかなーと思ったのだ。

そしたら、ずばり、次のようなタイトルが目に飛びこんできた。

「はじめに――私が一時的に〝悟り〟を開いた日」

そして、〝悟り〟の内容はこうだ。

「苦しいときは仕方がないけれど、可能なときには相手と自分がうれしさを感じられることをすればいい。人生のなかでそれをできるだけ多くやって、死ねばいいいんだ」

すっかり忘れていた。**へーっ、そんなことを思ったんだ……**みたいな感じである。

まー、「苦しいときは仕方がないけれど、……」と書いてあるので、（苦しくて）忘れていたとしても許されるだろう。というか、私くらいになると、自分の習性をよく知っているので、（苦しくて）忘れることを見越して、「苦しいときは仕方がないけれど、……」と書いたのだろう。きっと。


よく覚えてないけれど。


さて、昨年の「はじめに」では、〝悟り〟の話のあとに、（場面は一転して！）研究室の動物について書いている。

……さすがだ。

一見、内容がまったく違うように見せかけて、〝悟り〟の内容を、私が大好きな動物とのちょっとしたふれあい（小ネタ話）のなかで、さりげなく感じさせようとしている。

場面が一転した分、〝悟り〟と動物の話がそれぞれ浮き上がって、知らず知らずのうちに心に響いてくる（読者の方は、えっ、そうかなー、などと思って読み返し……てはならない）。

〝悟り〟と動物の小ネタ話とが見事につながっているのだ。

で、今回の「はじめに」は？　何から何につながるのか？　読者の方は、私に、そう尋ねられるかもしれない。

鋭い!!

私も、**今、それを考えていた**のだ。

昨年は〝悟り〟から動物の小ネタ話に。

だったら今年は、（〝悟り〟をふまえたうえでの）〝苦しみ〟から動物の小ネタ話に、という展開にしよう。それだ。それでいこう。

ちなみに、これまで、一一巻の先生！シリーズを出版してくださった築地書館の方々、なかでも、直接の担当者のＨｓさんは、今回の私が送った最初の状態の原稿を読まれて、とりあえずの受け取りの連絡もかねたメールのなかで次のように書かれていた。

「今回は**なんだかしんみり**していました」

これまで一一回（つまり一一巻分）、同じような状況でＨｓさんから、第一印象を盛りこんだメールを受け取ってきたが、〝しんみり〟という感想ははじめてだった。

私は、正直言って、一瞬、**「えっ？」**と思った。つまり、私には、〝しんみり〟を意識して書いた覚えはまったくなかったからだ。これまでと同様なタッチで書いたつもりだった。おしになるトピックも、私なりに、これまでに負けないくらい入れたつもりだった。

急いで私は、Ｈｓさんに送った原稿をパソコンで開いてザッと目を通してみた……。

Ｈｓさんの感想は正しいと認めざるを得なかった。

そして、これが「無意識の領域が人の行動や心理に影響を与える」ということなのか、と**妙に納得したのだ。**

一年間、いろいろときついことがあったから（特に虚弱体質の野生児である私にとっては）、行間が、知らず知らずのうちに〝しんみり〟になったのかもしれない。

ただし、私は、「Ｈｓさんに送った原稿をパソコンで開いてザッと目を通してみ」て、同時に確信したのだが、〝しんみり〟は、けっして、後ろ向きの〝しんみり〟ではない。共感や励まし、新たな思い、といったものを静かに感じる〝しんみり〟、とでも言えばよいのだろうか。

「苦しい」や「きつい」のなかで、前を向こうとするような。

さて、小ネタの動物の話だ。

そういった話はすぐにでもいーーっぱい思い出せる。

まずは、研究室で見つけた、名づけて**「昆虫おそうじロボット」**、あるいは「バイオ・おそうじロボット」の話だ。

「おそうじロボット」は（メーカーの会社名は省略させていただくが）、部屋を自動で動いて床のゴミを吸いとってくれる電動掃除機だ。

ただし、私の研究室では、おそうじロボットは使えない。床に障害物が多すぎるからだ。ロボットは障害物にはさまれたりして立ち往生してしまうにちがいないからだ。〝開けた〟床でなければロボットは働けないのである。

しかし！だ。あるとき私は、そんな私の研究室を、障害物をものともせず、床のゴミを引っかけながら動く物体を発見したのだ。そして、その物体は………機械ではなかったのだ！

床のゴミを引っかけながら動く物体、それは、「バイオ・おそうじロボット」とでも言うべき、昆虫（オサムシの仲間だと思う）だったのだ。

本棚の後ろあたりから出てきて、テーブルの下に進んでいったのだが、その昆虫の後ろ足には、なんと、**毛玉のような結構大きなゴミがくっついている**ではないか。

つまりだ！　その昆虫は、研究室のなかの障害物をスリムな体ですり抜けながら、後肢の鉤《かぎ》爪《づめ》に次々とゴミを引っかけて動いていた。さらにゴミはゴミを引っかけ、棚の後ろから出てきたときには、ゴミ玉はさらに大きさを増していたのだ。

余談だが、私はＩＴと生物との〝実りある融合〟にとても興味をもっている。

そんな私が生み出した〝融合〟のなかの一つに、学生と情報系ＩＴとの新しい融合、名づけ

「バイオ・おそうじロボット」。障害物のたくさんある私の研究室の床を、毛玉のようなゴミを後ろ足にくっつけて移動している

て**「ヒューマン・クラウド」**がある。

この革新的伝統情報技術はまだ私が極秘にしているので、当然、一般には広がってはいない。だから、**読者のみなさんも内緒にしていただきたい**のだが、じつは、次のような驚くべきアイデアなのだ。

そもそも「クラウド」（日本語に訳せば〝雲〟）とは、情報を、自分のパソコンや、自分の（USBメモリなどの）記憶媒体に保存するのではなく、各社が用意してくれている巨大な記憶の場（クラウド）に保存するシステムである。だから、どんな場所にいても、そのクラウドに接続すれば、必要な自分の情報を引き出すことができる。安全面から言っても、自分のパソコンや記憶媒体を壊したり紛失したりしても、必要な情報はクラウドのなかに残っているから安心だ。

さて、ヒューマン・クラウドだ。

私くらいになると、自分に必要な情報をパソコンなどに保存していても、それをどこに保存したかがわからなくなる。もちろん、頭のなかに保存したら………数時間で消えていく。では、ということで手帳に書いたら、………これが最も有効な保存法なのだが、………見ることを忘れることがある。

ところが私には、**保存と呼び出しの秘密兵器**がある。

それは、必要な情報を、ゼミの学生（様）に保存してもらう（いただく）のだ。

要するに、ゼミの学生たちに、会議や懇親会、発表会等々について、時間や場所などを伝えておくのだ。そして、「懇親会の日時、場所は？」などとおうかがいを立てると、誰かが覚えていて教えてくれる。すばらしいシステムだ。これこそが、学生と情報系ＩＴとの新しい融合「ヒューマン・クラウド」なのである。

このような「バイオ・おそうじロボット」や「ヒューマン・クラウド」………とてもよい生物・ＩＴ融合システムなのだが大きな問題も抱

わが「ヒューマン・クラウド」の面々。「ヒューマン・クラウド」についてはまだ極秘なので、内緒にしておいていただきたい

えている。永久的、というわけにはいかない、ということだ。

「バイオ・おそうじロボット」については、それを発見して喜んだ次の日から姿が見えなくなった。別の部屋に掃除に行ったのだろうか？　**働きづめで、生物から無生物になってしまったのだろうか？**

「ヒューマン・クラウド」については、私が、新しい実験研究棟に引っ越しをしてから、それまでは廊下を隔ててゼミ室と向かいあっていた私の研究室が、ゼミ室から遠く遠く離れてしまったことが運用を阻害した。きわめて手軽な手段である言語によって、学生たちに情報を伝えておくことが困難になってしまったのだ。

おごれるものも久しからず……しんみり。


小ネタ話の二つ目。

東京大学名誉教授の養老孟司先生が委員長をされている「日本に健全な森をつくり直す委員会」が、環境省の委託を受けて、日本全国の小・中・高校に配布する「森里川海大好き！読本（仮称）」を編集中で、私も編集委員会のメンバーになっている。執筆もほぼ終わった。

今年（二〇一八年）には完成して、各学校に配布されるだろう。

昨年、「森里川海大好き！読本」の編集に関連して、島根県の津和野で、島根県の高校生たちと、〝自然に恵まれた地方の面白さ〟を話し合うシンポジウムが開かれた。私も参加した。

そこで、高校生たちと話をしていて、興味深い、大げさに言えば**「高校生たちの自然をめぐる認知世界」**に出合った。次のような認知世界である。

高校生たちにとって、**昆虫は「虫」であって「動物」ではない**。「動物」とは鳥獣のことを指す（読者のみなさんのなかにも、同じように考えている方は多いと思う）。

私は、少しつきつめて聞いてみた。

私「エビは？」→高校生「虫」、

私「じゃあカエルは？」→高校生（少し考えて）「虫」、

私「じゃあヘビは？」→高校生（少し考えて）「虫」。

高校での「生物」の授業では、生物のなかには動物、植物、菌類、細菌類………があり、昆虫は動物に属すると教えられているはずだ。だから試験で聞かれたら、そう答えることが多いにちがいない。ところが、学校以外の〝日常〟になると、脳が、〝日常〟モードになるからだろうか、昆虫も、両生類も爬虫類も「動物」ではなくなるのだ。

じつは私は、一般社会にあるこういった認識は、ずっと以前から多少気づいてはいた。「虫は動物ではない」「ミミズは虫だ」………。そして、津和野の高校生との話のなかでその認識をはっきり確認し、この話、やっぱりこれは面白いな、と心を動かされた。

それには次のような理由があった。

動物行動学や進化心理学といった、「進化的適応」を基盤にヒトの認知、心理、行動を考える学問分野では、「ヒトの脳内には、生物の認知に専用に働くプログラム領域が備わっており、そのなかには、生物の大まかな分類について、**ヒトに共通した本能的な分類体系のプログラム**が備わっている」という考え方が主流である。

フランスの著名な人類学者スコット・アトランは、『自然理解の認知的基礎 *Cognitive Foundations of Natural History*』という著作のなかで、現在知られているさまざまな文化において、生物の分類の仕方（狩猟採集が生活の一部として残っている自然民の生物分類から、先進国の人々の〝科学ではない〟生物分類）が骨格的な構造に関しては同じであることを述べている（このような、ヒトに共通した生物分類は、**「素朴生物学」**と呼ばれている）。

そして、高校生たちの生物分類認知………

私「エビは？」→高校生「虫」、

私「じゃあカエルは?」→高校生（少し考えて）「虫」、

私「じゃあヘビは?」→高校生（少し考えて）「虫」。

……である。

これは、高校生たちの脳内の「素朴生物学」プログラムが緩やかに作動した産物ではないか、というのが私の推察である。だから、私は、「面白い」と思ったのだ。ちなみに大学生も、生物学に関係のない同僚の人たちも、高校生たちと同様な認知を示すし、英語でも通常、insect（昆虫）はanimal（動物）に含まない。animalは、少なくともアメリカでは、津和野の高校生たちと同じく、〝鳥獣〟を示す。

シンポジウムのあと、宿舎にもどって、そのシンポジウムに参加されていた養老先生に、高校生たちの生物分類認知について話をしたところ、次のような返事が返ってきた。

「小林さん、漢字を考えてごらんよ」

確かにカエルは「蛙」、ヘビは「蛇」だ。虫がつく。さすが、おそれいりました。

つまり、昔の人々も高校生たちと同じ生物分類認知をしていた、というわけだ。

さて、シンポジウムのなかで話が盛り上がった話題の一つに**「川のガサガサ」**がある。川の岸辺付近に、たも網を入れ、手足を使って、底をえぐるように揺らし、持ち上げると、たくさんの小魚や甲殻類、水生昆虫などの小動物が、いや、虫が捕れてくるのだ。それを高校生たちは「川のガサガサ」と呼んだ。

私は宿舎でその話もしながら、「川岸には特別たくさんの生き物がいますからねー」と言った。すると、近くにおられた京都大学名誉教授の竹内典之先生が「森にも結構いるよ」と応じられた。


傘を逆さにして枝を揺らすと虫がいっぱい落ちてくるよ、と。


そうか！　そうだった。それは研究でも使う方法で、私も昔、よくやっていた。

そして**そこでひらめいた**。

じゃー、それを「川のガサガサ」に対抗して**「森のガサガサ」**と呼べばいい。そう呼んで子どもたちに実践してもらい、森を楽しんでもらえばいい。「森のガサガサ」……いいネーミングだ。流行らせるためにはネーミングが重要だ。

少し前置きが長くなったが、この話が私の二つ目の「小ネタ話」につながっていくのである。

大学に帰った私は、「森のガサガサ」を広めるためにも達人になってやろうと、毎日とはいかなかったが、大学駐車場に隣接する森に入り「森のガサガサ」を続けた。たいていは帰宅時の夜だった。

確かに「ガサガサ」だ。以前とは違った面白さを覚え、枝葉から落ちて傘に入ってくるさまざまな〝虫〟たちと、暗闇のなか、新鮮な目で対面することができた。

そんな虫たちのなかで、ここでは二つだけ読者のみなさんにご紹介したい。

「川のガサガサ」。川の岸辺付近にたも網を入れ、手足を使って底をえぐるように揺らして持ち上げると、たくさんの小魚や甲殻類、水生昆虫などが捕れてくる

次ページの写真だ。

何でこんな〝人面〟模様になっちゃったの。同種たちが互いに認知するための信号的デザインか？　まさか捕食者への威嚇ではないだろう。ちょっと小さすぎるから、たとえば鳥も顔とは認知しないだろう。

でも、読者のみなさん。暗闇のなかでこの方たちをじっと見ていたら、なんだか不思議な気持ちになってきますよ。

たとえば、孤独なピエロ、とか、孤独なプロレスラー………みたいな。

何か、とてもとてもつらいことでもあったのだろうか………みたいな。

やがてお二方は、それぞれの習性にしたがって、傘の表面（裏側）を移動し、夜の闇へと消

「森のガサガサ」。傘を逆さにして枝を揺らすと、虫がいっぱい落ちてくる

えていかれた。それぞれの顔も見えなくなった
………しんみり。

三つ目の小ネタ話は、虫と動物と人（素朴生物学では人は動物のくくりには入れてもらえない）がかかわる話である。

二〇一八年一月、大学でセンター試験があった。私は本部にいて、何か問題が起こったら、その対策をほかの人たちと相談して最終的な判断を下す、という任務に就いていた（意外に思われるかもしれないが、私だってやればできるのだ）。

ところで、センター試験の日は**学生の大学構内への出入りが禁止**されていた。テストが行な

「森のガサガサ」で落っこちてきた“人面虫”その1。ハナグモの仲間で、花や草の陰でやって来る昆虫を待ち伏せして捕食する。この模様には何か意味があるのだろうか？

われる棟への出入り禁止は絶対だが、それ以外の施設への出入りの可否は、それぞれの大学で決めることになっていた。鳥取環境大学では、それも含めて原則禁止ということにしていたのだ。ただし、事前に正当な願いが出されていれば、例外として出入りは許可されていた。

さて、テストが始まってしばらくして（**緊張した時間帯だ！**）、警備員から本部に連絡があった。

「**ヤギ部の部員**がヤギに餌をやらなければならないので**構内に入らせてほしい**と言っています。どうしましょう？」

（ヤギ？　餌？　私は顧問として、テストの緊張感との落差が、面白いというか、ほかの本部の人の手前、恥ずかしいというか……、複雑

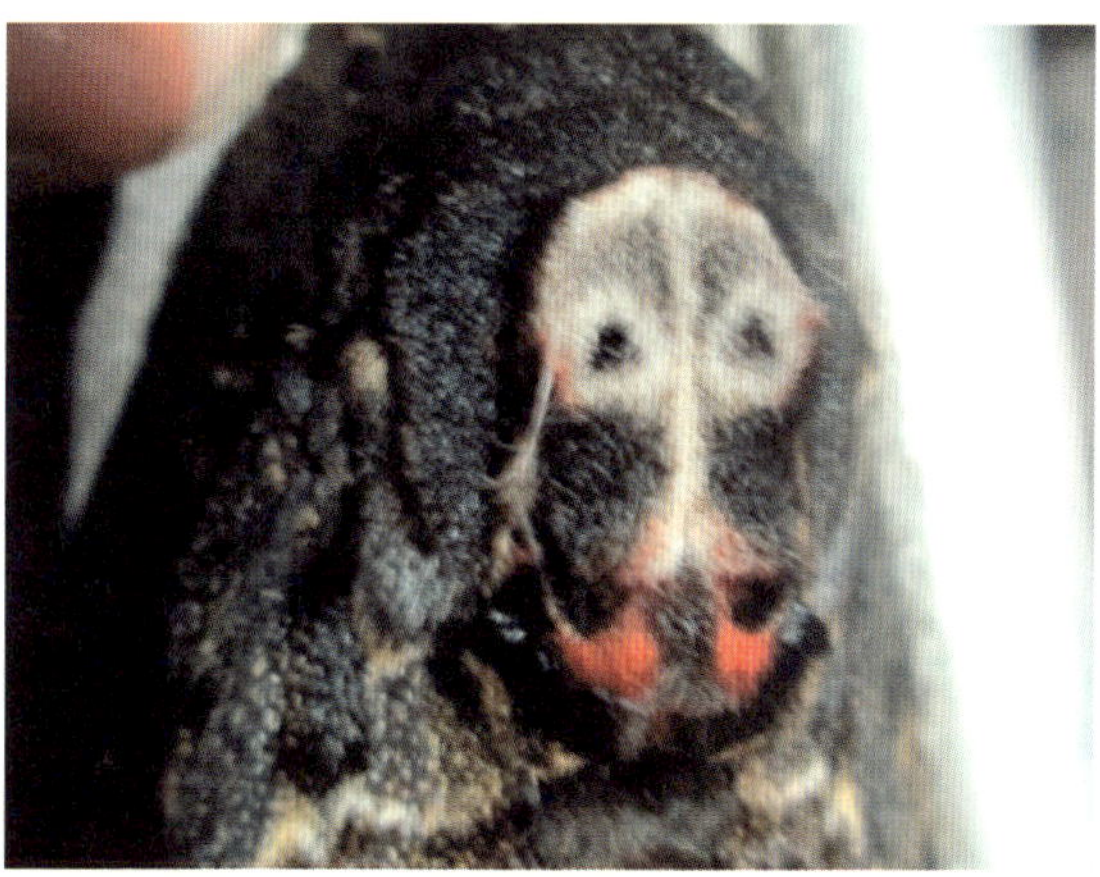

「森のガサガサ」で落っこちてきた“人面虫”その２。クロメンガタスズメ。南方系の蛾で、日本では九州、関西を中心に生息している

な気持ちになった。）

本部で、実質的に中枢を担うＩｓさんが答えた。

「ヤギ部の餌やりについては事前に申し出があり、許可しています」

おーっ、ちゃんとしてるじゃん。私はそう思った。

そのあと、Ｉｓさんは私に（もちろん顧問であることはご存じだ）、「動物には餌をやらないとかわいそうですよね」みたいなことを言われた。そしてつけ加えられた。

「**先生のところの大学院生のＭｋさんも、**動物に餌をやらなければならないということで、実験室への入室願いが出ています」

Ｍｋさんは、河川の上流に棲む、とてもめず

センター試験中に餌をもらっていた動物その１。ヤギ部のヤギたち。もちろん事前届けは提出されていた。そりゃあ餌は食べないとなー

らしい、したがってその習性や生態がほとんど知られていないカワネズミ（ネズミの仲間ではなくモグラの仲間である）を野外と実験室とで調べているのだ。

（うーーー、また、餌やりか……。必要なことだが、本部のほかの人の目が多少気にならなくもない。でもなんだか、面白い。）

それから、しばらくして、**警備員から緊急の連絡**があった。

「Ngという学生が、動物に餌をやりたいので実験室に入りたいと言っています」

Ngくんも私のゼミの学生だ。Ngくんは、卒業研究で「(人間の) 食虫文化」について調べており、そのときは食虫用の虫としてコオロギを選び、料理法と効果的な繁殖法を探ってい

センター試験中に餌をもらっていた動物その2。Mkさんが調査中のカワネズミ。とてもめずらしい動物でまだ習性や生態がほとんどわかっていない。そりゃあ餌は食べないとなー

たのだ。毎日の餌やりが欠かせなかったのだ。
ただし、Ｎｇくんは事前の入室願いを出していなかった。**協議が必要だ。**
結局、警備員が実験室までずっとついて行くということで許可になった。

ちなみに、あとで警備員さんから聞いたことだが、Ｍｋさんは、警備員さんに「餌をやらないと動物が死んでしまうんです」と、何回も繰り返し言ったという。
ヤギとカワネズミとコオロギ………への餌やり………、なんか面白いけどなんか肩身が狭いような………、しんみり。

四つ目（これでオシマイ）の小ネタ話は人々をめぐる話である。

センター試験中に餌をもらっていた動物その３。
Ngくんが研究中のコオロギ……事前の届けが出ていなかったが、そりゃあ餌は食べないとなー

昨年の新年は、最初の授業をうっかり忘れていて、学生が研究室に呼びに来た。でも今年は違っていた。そうそう失敗を繰り返しはしないのだ。私とはそういう人間なのだ。

今年の冬休み明けの最初の授業は、ゆとりがあった。ゆとりをもって授業を行ない、終わって研究室に帰ってきた。

その日は時間があったので、おもむろに、学生たちが授業の終わりに提出した質問・感想用紙に目を通した。いろいろ書かれたもののなかに次のような感想があった（動物行動学の授業への質問・感想であり、文中の（　）内は私が書いたものである。文章は学生が書いた、そのままのものだ）。

男女差別の話のところで（授業計画の一つの項目として男女差別をあげているわけではない。流れのなかで、動物行動学の視点から、たまたま話したのだ）、いつも自分なりに思っていたところが解決された気がする。基本的人権が守られているかどうかというところがスッときた。自由に選択できる社会が必要。今日も（今日もだ！）講義はとても納得できた。いつも（いつもだ！）動物行動学は疑問に感じる、他の人の考えを改めるなどして、納得させてくれる。

そうだろう、そうだろう。こういう感想は、**虚弱体質で傷つきやすい私**が沈んでいるときに、いいタイミングでいつも元気づけてくれる。**ありがたい。**

そして、読者の方から時々いただく手紙にも元気づけられることがある。特に、「(私の本に)心が救われました」といった内容が書かれてあるときは、そうだ。ちなみに、妻に伝えるといつも、「あなたの本のどこに救われるのかしらねー」と言われる。私もそう思い、適当な巻を手に取って読んでみたり、掲載されている写真を表から裏から見てみたりするのだが、……よくワカラナイ。

でも人生そういうものかもしれない。沈んだときもうれしいときも、とにかく少しずつ書きつづける。意図しない、そういうひたむきな姿勢が読者の方に通じるのかもしれない。間違いない。

私はブログ(フェイスブック、ツイッター)で、次のように書いたことがある。

「私の本に救われた」という内容の手紙を読者の方からいただくことがある。その読者はご存じだろうか。その読者の手紙で私が救われていることを。

そして、それを読まれた築地書館の方が次のようにツイッターでつぶやかれた。

出版社も、読者はがきでの励ましに救われることがある。

……しんみり。

そして、読者のみなさん、今回も、この本を読んでいただいてありがとうございます。

しんみりもよいものだ。しんみりして、自分の内面に謙虚に触れ、必ずしも答えは出なくても、また歩き出す。そうやって、ホモ・サピエンスは、共感し、思いやり、熟慮することをさらに身につけていくのだ。間違いない。

築地書館のHsさんの「今回はなんだかしんみりしていました」のしんみりはこういうことだったのかどうかよくワカラナイ。でもまー、いいか。

二〇一八年二月五日

小林朋道

◆目次

本書の登場動(人)物たち

ヤギは仲間といることを強く望む動物だ

そんなヤギの心を痛いほど感じさせられた10日間

公立鳥取環境大学には「ヤギ部」と呼ばれる学生サークルがある。大学が設立された二〇〇一年に同時にヤギ部もでき、そのときから私は顧問をしている。

一七年の間、ヤギたちと接する日々の生活のなかで、私の脳に、**ヤギをめぐる強烈な光景**が、一つまた一つと蓄積されてきた。

そして二〇一七年の春、新たな光景がまた一つ脳に刻まれた。

五頭のヤギのなかで最長老のクルミというヤギが、大学の放牧場のなかで一頭立ちつくし、こちらをじっと見つめる姿である(その姿は後ほどお見せしよう)。そしてそれからの数日間で起こったこと。………私には、今後「ヤギ」という動物を考えるとき必ず思い出すだろう出来事になった。

なぜクルミは立ちつくしていたのか?

その後何が起こったのか?

まー、読んでください。

＊　＊　＊

ヤギは仲間といることを強く望む動物だ

鳥取環境大学ヤギ部は、大学設立と同時にできた。私はそのときから顧問をしている。これまでいろんな出来事が起きた。ヤギ部発足のエピソードは『先生、巨大コウモリが廊下を飛んでいます！』をお読みください

二〇一六年の秋、鳥取県の鹿野《しかの》というところにある地元企業から連絡があった。そこが所有している耕作放棄地の除草を、ヤギを使ってやってもらえないか、という内容だった。除草をする場所には柵がつくってあるし、ヤギたちが休息する小屋も用意している、とのことだった。万全の状態で除草を依頼されてきたわけだから、こちらも「前向きに考えて部員と相談します」と言って電話を切った。

ちなみに、鹿野は地元の活性化に向けて積極的な取り組みをされている地域だ。

鹿野を拠点にして全国的に活動されている「鳥の劇場」という劇団も活性化に一役買っている。一度、その**劇団と大学のヤギ部がコラボ**のようなことも行なったことがある。

ある日、劇団のマネージャーの方から連絡があった。今度、「三びきのやぎのがらがらどん」（北欧のヤギを主人公にした超ロングセラーの童話である）をやることになった。ついては、**公演の前と後で、お客さんに、実物のヤギとふれあってもらえる**ような構成にしたいのだが協力してもらえないだろうか、という話だった。

私は、それまで、「鳥の劇場」の劇を実際に見たことはなかったのだが、その活動はニュースやパンフレットで何度も見ていた。廃校になった小学校を、学校ならではの味わいを巧みに活かして、劇場や展示場、カフェテリアに変身させたのだ。劇のレベルもとても高く、海外公演もしていると聞いていた。

そんなところからの依頼である。少しでも力になれるのなら、と私は思った。もちろん部員がやりたいと思わなければ実現はしない。でもおそらく部員たちはやるだろうとも思った。

かくして予想どおり**部員たちは喜んで〝コラボ〟を承諾**し、軽トラックにヤギたちを乗せて「鳥の劇場」に行ったのだ。

鹿野の劇場の入り口付近での、「三びきのやぎのがらがらどん」をこれから見る人、見終わって出てきた人と〝ヤギとのふれあい〟で、ひときわ活躍してくれた一人は、

「鳥の劇場」で「三びきのやぎのがらがらどん」を、これから見る人、見終わって出てきた人たちがヤギとふれあっている

次の年、二年生になって部長に選ばれることになるＮｋさんだった。

Ｎｋさんはこれまでの一五人の部長に勝るとも劣らない責任感の強い部長で、たとえば次のような出来事があった。

冒頭でお話しした〝鹿野での除草〟の依頼があった翌年のはじまり、つまり一月は鳥取県で一〇年ぶりの大雪だった。もちろん大学は、キャンパス一面銀世界になった。

私は、さすがに部員は誰も行くことはできないだろう、と思い、ヤギたちのもとへと車を走らせた。大学の前に、かろうじて除雪されていたスペースを見つけて駐車し、キャンパスのヤギ小屋へと向かった。背負

10年ぶりの鳥取県の大雪。私はヤギたちが心配でキャンパスへ向かった。左へ曲がって進むと、遠くにヤギ小屋が見えてくるだろう

ったザックのなかにはキャベツや白菜がぎっしり詰まっていた。必需品のスコップも携えて。

こんな雪のなか、**ヤギたちやヤギ小屋自体どうなっているのか?** 考えるとちょっと怖かった。**私は黙々と進んだ。**

大学のキャンパスの正面が近づいてきて、やがて左へ曲がってしばらく進むとヤギたちの放牧場がある。小屋も(つぶれていなければ)見えてくるだろう。左へ曲がって進むと、思ったとおりの光景が目の前に現われた。

一面の雪だ。静かだ。時々、ヒヨドリの声が澄みきった空気のなかに響く。それがまた余計に静けさを感じさせる。

すっかり雪に埋もれてしまったヤギ小屋。
ヤギたちは大丈夫だろうか

私の前に足跡はなかった。私の後ろには足跡が刻まれた、ナンチャッテ。

遠くに小屋が見えた。ひとまずはほっとした。きっとあの小屋のなかにヤギたちはいるだろう。待ってろよ。今、美味しい餌を食べさせてやるからな、みたいな気持ちだ。

ところが次の瞬間、**思ってもみなかったことが起こった。**

なんと私がめざす、私の視野の遠方の左側から**突然、人間が現われ、**どんどん放牧場に近づいていくではないか。

このままだと、私よりかなり早く放牧場に到達してしまう……と思っていたら到達してしまった。それこそが当時、部長だ

小屋の前の雪の土手にスコップで切れ目を入れて進み、ドアを開けるだけ開いてみた

ったＮｋさんだったのだ。

あとで聞いたらＮｋさんは、一〇キロ近くの道を、それも雪の積もった道を歩いてきたというのだ。もちろんヤギたちのことを心配して。

きっと、大学の正面まで行かず、ショートカットで道路からなだらかな斜面を登り、キャンパス周辺の木立を抜け、私の視界に現われたのだろう。

私は歩く速度を増し、小屋の前でＮｋさんと合流した。

小屋の屋根から落ちた**雪が入り口に高く積もり、**ドアが開けられない状態になっていた。さらに、ヤギたちには越えられない雪の〝土手〟がドアの前にできていた。

最長老のクルミが最初に脱出を試みた。上手に土手を登ってきた。続いてコムギが出てきたが、土手を乗り越えることはできなかった

一方、われわれが来たのを感じたのだろう。ヤギたちはなかで**メーメー鳴きはじめた。**

私は雪の土手にスコップで切れ目を入れて進み、ドアの前の雪をかきわけ、開けるだけ開いてみた。

ヤギたちが私を見た。顔が輝いたように見えた（私の顔も輝いたかもしれない）。

投げ入れた餌をひとしきり食べたあと、**最初に小屋からの脱出を試みたのは、**最長老のクルミだった。

体は圧倒的に一番大きく、がっしりとした四肢で、雪に脚を取られながら土手を登ってきた。生まれつき左前肢が変形していて、歩くたびに体が揺れた。でも、力強く

小屋の前の雪の土手を乗り越えられなくて、切れ目から顔だけ出しているコムギ

進み、土手を乗り越えた。

そして、クルミに続いて出てきたのが(いや、正確には出ようとしたのが)、クルミと仲がよいコムギだった。ただし、コムギは、切れ目までは出てきたが**土手を乗り越えることができなかった。**

私は、そんなコムギの様子を写真に収めたくて(画面の構成に私の感性が反応した)、正面からカメラを構えた。

あとでわかったことだが、Ｎｋさんは、そんな〝コムギの写真を撮るコバヤシ〟の写真を撮っていた。お見事。

さてそろそろもとの話にもどろう。二〇

そんなコムギの写真を撮っている私を見ているクルミ………の情景をNkさんが撮った写真

一七年五月、鹿野の話だ。

部長はＮｋさんからＮｇさんへと引き継がれていた。

鹿野の除草に**誰（ヤギたちのこと）を連れていくか**、Ｎｇさんと話をした。

除草地（耕作放棄地）が広いので、ほんとうは五頭みんな連れていけばいいのだろうが、**クルミはやはり無理だろう、**という結論になった。クルミは歳はとっているが体が大きく草をよく食べるので、大きな戦力になると考えられたが、運搬用の車の荷台に乗せたり降ろしたりするのが難しいだろう、というのがおもな理由だった。体重が重く、生まれつき変形している脚での乗り降りで怪我をするかもしれないと想像されたのだ。

そんなわけで、クルミをのぞいた四頭のヤギたちを乗せた車が、放牧場の出入り口から出発するときがきた。

クルミは、車へと導かれる四頭のヤギたちの**あとを追って出入り口までついてきた。**でも、柵から外に出されることはなかった。

四頭が乗った車のほうを見つめて、**あらんかぎりの声、**とでもいうのだろうか、**クルミの鳴き声が放牧場内外に響きわたった。**

その場にいた部員たちはちょっとした驚きとともに、クルミの心を思ったにちがいない。

もちろん私もそうだ。ある程度予測していたとはいえ、クルミの反応は予想を超えていた。そのうえで車をゆっくり発進させ、鹿野へと向かったのだ。

四〇分ほどかけて鹿野の除草地に到着したヤギたちは、依頼された企業のみなさんからの歓迎を受けた。新しい場所に最初は不安そうだったが、徐々に慣れていった。

思ったほどには**除草は進まなかった**が（みんな好きな草を選択的に食べ、耕作放棄地全体の草をまんべんなく食べるという感じではなかったのだ）、**まー、元気に、それなりに仕事を続けていった。**

日が過ぎるにつれて、地元の人や、近く

鹿野での除草メンバーから外れ、一人残されたクルミは、４頭が乗った車のほうを見つめて、あらんかぎりの声で鳴いた

にある小学校の子どもたちも立ち寄るようになったという。つまり、除草以外の、動物の種を超えた親睦という仕事も行なうようになったというわけだ。

部員たちも時々、ヤギたちの様子を見に行った。Ｔｄくんはミニバイクで様子を見に行った（Ｔｄくんはミニバイクで北海道ツーリングも行なう、ミニバイクの旅ライダーなのだ）。部員たちは集団で鹿野に行き、ヤギの様子の確認のあと、先方のご厚意で温泉に入らせてもらったり、名産のそばをごちそうになったりもした。

さて、**そしてクルミは？**

私は、その後のクルミの姿にショックを受けた。それまでの仲間たちと一緒に元気に過ごしていたクルミの姿はなかった。そこにあったのは、歳をとり、力も気力もなくしたような老ヤギの姿だった。

確かに、「みんなと離れて元気がなくなるだろう」とは思っていた。でも、これほどとは……。**愕然《がくぜん》とした、**と言っても言いすぎではなかった。

ほかのヤギたちと一緒にいたとき寝泊まりしていた大きな小屋ではなく、放牧場の別のところにある小さな小屋のなかで、体から力が抜けたように座っているクルミもしばしば目にした。

私は改めて、ヤギという動物、クルミという**ヤギについての認識の不足を思い知らされる**ような気がした。

一方、そんなクルミの変化を見逃すような、そして心配しないような部員たちではなかった。ヤギ部のＬＩＮＥでは連日、**クルミについての情報がいきかった。**

ほかのヤギたちが出発していった数日後には、

「車が出ていった方向を見て鳴いている。帰ってくる方向がわかっているのか？」とか、

その後も「接するときはいつも以上にやさしくしてあげてください」とか、

「クルミが好きなものをあげましょう」とか、

「クズ（つる性の植物）をあげたらもりもり食べています」とか、

「鳴き疲れたのか舌が乾いています。水をしっかり。それと鉱塩（動物には塩の摂取が必要であり、本来自然のなかで塩を含む岩などをなめている。家畜では〝鉱塩〟と呼ばれるものを与えるのだ）の点検も」……。

私は、そんなにいたれりつくせりの世話をして、クルミが好きなものばかりやったら、クルミがブタヤギになるのではないか、と、部員たちの心をうれしく思いながらも、ちょっとだけ心配したのだった。

幸いクルミは、日が過ぎていくにつれて少しずつ、打ちのめされた老ヤギから、元気のない老ヤギへと変わっていった。仲間たちを見送った方角を見つめて鳴く頻度も少なくなっていった。

でも、ブタヤギになるような気配はまったくなく、その表情や動きは、**もの哀しさやうつろさを感じさせた**。

ある部員はこんなことも教えてくれた。

ヤギの放牧場に接したキャンパス内では、そのころ実験研究棟と講義棟が建てられており、工事は一年以上前から始まっていた。

アズキというヤギが時々、柵の隙間を抜けて外に出るのだが、部員のＮｙさんが、工事現場

残されたクルミは、部員たちに気づかってもらい、好きなものをたらふく食べていた

に出ているアズキを見つけ、工事の人たちに「ご迷惑をおかけしてすいません」と言ったのだそうだ。すると若い工事現場の人が言ってくれたのだという。

「いいですよ。僕たちの友だちですから」

柵を隔ててヤギたちを見ていた工事の人たちは、ヤギたちに親近感のようなものを感じてくださっていたのだろう。

柵のこちら側でクルミは、そんな工事の人たちのまなざしを感じとっていたのかもしれない。独りぼっちになったあとクルミは、工事の人たちが行き来する場所に面した柵のそばに座って過ごすことが多くなったという。

やがて、クルミ以外のヤギたちが鹿野に除草に行って一〇日間が過ぎた。ヤギたちが帰ってくる日がきたのだ。クルミがみんなと一緒になれる日が。

鹿野では……。

ヤギたちは、人間たちの動きや状況で、**「ああ、帰るんだ」**とわかるらしい。「鹿野での除草」のときに限らず、大学の放牧場を離れるときは車の荷台に乗るのを嫌がっていたヤギたちが、帰るときはみんな、自分から進んで車の荷台に乗るのだ。

そしていよいよ**ヤギたちが帰ってきた！** 大学に着くと、荷台からピョンピョン元気よく跳んで降りた。

鹿野に迎えに行かなかった部員たちも放牧場の出入り口に集まっていて、口々に「お帰りなさい」と言ってヤギたちを迎えた。そして、みんなが帰ってきたことに気づいていないクルミに（大学の放牧場は広いのだ）**「クルミー、みんなが帰ったよ」**と叫んでいる（なんと好意に満ち満ちた時間であることか。私は、君らは天使か！とマジで思った）。

そのころクルミは小屋のなかにいた。一方、車を降りたヤギたちはみんな、放牧場の出入り口にトコトコ歩いて行き、部員たちが戸を開けてやるとぞろぞろ入っていった。**「やっぱり家はいいなー」**みたいな様子で。

そこに、部員の一人に誘導されて、クルミが小屋から出てきた。

クルミは帰ってきたヤギたちを見た。帰ってきたヤギたちもクルミを見た。

さて、感動的な両者の再会の場面が始まるぞ。部員たちはそう思ったにちがいない。その場面を撮影しようとスマホを構えた部員もいた！

でも、部員たちには意外だったかもしれないが、**じつはちょっと違ったのだった。**

もしクルミや帰ってきたヤギたちが「イヌ」だったら展開は異なっていただろう。しっぽをちぎれんばかりにふり、口を開け、互いに体をぶつけるように跳ねまわっただろう。

しかし**ヤギという動物は違うのだ。**

激しい行動で再会の喜びを表わしたりはしないのだ。ただ、いつものようにほかのヤギたちのそばに寄り、一緒に小屋に向かって歩いて行った。

ただし、私は見逃していなかった。**クルミの目が、顔が、輝いていた**のを。

そして小屋のなかに入るとクルミはほかのヤギたちの鼻に自分の鼻をつけ、ヤギとしては**とびっきりの再会の挨拶**をした。そ

クルミたちは、久しぶりの再会の喜びを激しい行動で表わしたりはしなかった。でも、小屋に入るとクルミは、ほかのヤギたちの鼻に自分の鼻をつけ、ヤギとしてはとびっきりの再会の挨拶をした

れに対してほかのヤギたちもクルミに鼻をつけ返した。

クルミがどんなにかうれしかったにちがいないことは、それからのクルミの動きが物語っていた。

疲れた老ヤギは、貫禄に満ちた、ちょっと血気さかんな、もとの老ヤギへと変わった。

私は改めて、「ヤギは仲間といることを強く望む動物だ」と思った。そう、そんなヤギの心を痛いほど感じさせられた一〇日間だったのだ。

＊＊＊

さて、本章は終わった。「ヤギは仲間といることを強く望む動物だ――そんなヤギの心を痛いほど感じさせられた10日間」の話は確かに終わった。

でもここで**読者のみなさんに一つお願い**がある。

一つだけ、私が、これまで、**ずーーーーーっと**（そして今も、これからも）関心をもちつづけてきた、ある問題について書かせていただいてもよろしいですか？ということだ。それは、クルミの心についてお話しした本章のあとに書くのが一番いいと思うのだ。

問題というのは、「心」や「意識」に関する科学的、根本的な、次のような問いである。

「脳という物質から、なぜ意識という非物質のものが生じるのか?」

ごく簡単に説明したい。

少なくとも中世までの時代においては、西洋の考え方では、宗教の影響もあって、意識は〝二元論〟によって説明されてきた。特に問題視されることもなく。

心と体は別物で、人が死んで物質としての体は朽ちても、心あるいは意識はそのまま存在しつづける、というわけだ。それはそれで筋は通っている。

ちなみに、そのころは、人以外の動物は心、意識、感情といったものをもたないというのが、大方の知識人の見方だった(まー、現代でも、たとえばヤギがほんとうに意識や感情を体験しているのか、はっきり言うことはできないと考える研究者もたくさんいる)。

ところが近代になり、科学の進展とともに、科学にかかわる人たちの九九パーセントは二元論を間違いとし、次のように考えるようになった。

「心と体は一体で、**心は脳のある領域が活動したときに生じる**ものであり、脳の構造が完全に壊れてしまえば心も消えてしまう」

しかし、そのように考えると、科学は別な、大きな問題を背負うことになる。次のような問題である。

「脳を含めたすべての臓器は、多くの細胞が集まってできていて、それらの細胞の物理的な変化によって、それぞれの臓器に特有な働きをしている。腎臓（傍《ぼう》糸《し》球《きゅう》体《たい》細胞など）も心臓（心筋細胞など）も甲状腺（濾《ろ》胞《ほう》上《じょう》皮《ひ》細胞など）も……。

そして脳もほかの臓器と同様に神経細胞などが集まってできており、脳内では、たとえば、神経細胞の軸索と呼ばれる部分の細胞膜を通ってナトリウムイオンやカリウムイオンが出入りしている。それらの物質の動きが脳の働きを生み出している。

ところが、脳の働きの一つは意識という、物質ではない独特のものを生じさせている。

そこで問題である。**脳という物質から、なぜ意識という非物質のものが生じるのか？」**

この問題は**脳のハードプロブレム**と呼ばれ、多くの研究者は、考えていないか、考えないようにしているか、考えつづけて答えを見つけ出していないか、もうサジを投げているかのどれかだ。

しかし、一方で、AI（人工知能）の研究の進展にも促され、意識の問題（脳のハードプロブレム）はスポットライトを浴びる状況になってきたのである。

たとえば、外界を認知し、自律的に判断して行動するような、きわめて情報処理能力が高いAIロボットができたとしたら（やがてそれは必ずできてくるだろう）、そのAIロボットは意識をもつと考えられるのだろうか？

そこでクルミが登場する。

体を構成する素材が違うとはいえ、「外界を認知し、自律的に判断して行動するような、きわめて情報処理能力が高いAIロボット」とクルミとは結局は同じなのだ。自分の状況を認知して、孤独になったと思って鳴き、活発な動きをやめ、ほかのヤギとの再会で元気になり、挨拶をしあったのだ。

そこで、この問題に対する私の現在の答えである。ここでは詳しくは述べられないが、私の考えの基盤には、**行動も認知も意識も感情も、すべて自分の生存・繁殖に有利になるようにつくられている、**生み出されている、という動物行動学の基本的な考え方がある。簡潔に結論を言うと次のようになる。

「物質も、時間も、意識も、エネルギーもすべて同等なものであり、われわれの脳は、それを、あくまでも感じるようにつくられている。それぞれ、どれも特別に不可解なものではない。どれもつきつめていけば、実感はあるのに実態がない点でも同等なのだ」

少し説明しよう。

人が感じている世界のなかで、ほんとうにその姿が見えているもの、聞こえているもの、感じているものはなに一つ存在しない。

物体は、アインシュタインの理論によればエネルギー（とわれわれが感じているもの）が、ある一定の条件になったとき生じる。逆に、物体（とわれわれが感じているもの）は、ある条件になったときエネルギーになる。

「時間」についても、われわれは、時間は存在すると感じるが、その正体はわからない。たとえば、われわれは今、時間が経過していると考えるが、では**時間はいつから始まったのか**（経過しているのなら、どこかで始まっているはずである）と問われると、最終的には誰にも正確に答えることはできない。

物質が誕生したとき時間も誕生した、等々の理論を先端の物理学は提示しているが、それについても、では物質（とわれわれが感じているもの）の正体は最終的になんなのか、**物質はどのようにして誕生したのか、**という問いに根本的には答えることはできない。

一方、繰り返しになるが私は、意識も、物質や時間やエネルギーと同等なものであり、どれも特別不可解なものではない、と思っている。単に、脳がそういうものを感じるようになっている、だけである。物質やエネルギーなどの存在はわかるが意識の存在はわけがわからない、という見解はおかしいのである。

物質がある状態になったときに意識が生じるのである。

おそらく、クルミの脳の、ある領域で神経の活動が、ある状態で生じたとき、悲しみや喜びの意識が生じているのだと思うのだ。もちろん、生じる意識の内容は動物の種《しゅ》によって異なり、たとえばクルミの脳内には「五年後」という意識は生まれないだろう。

同様の考え方に立てば、「ＡＩは意識をもつか？」という問いに対しても答えられる。ＡＩを構成する電気的な回路が、ある状態で活動したとき意識は生じる、ということである（もちろん、その意識がわれわれが体験している意識とどの程度似ているかはわからないが）。

最後の最後に、これは根拠のない私の意識であるが、クルミが意識を体験していることは確かであり、その体験の内容は、人の、孤独感、寂しさ、喜び……と似ているにちがいない。長い間、接してきた私が、クルミを見て、そう意識するのである。

モモジロコウモリが
フクロウに対して示す２つの反応！
世界初だと思う

そして洞窟内での彼らとの出合いは
心折れそうな私を励ましてくれたのだ

そのとき、実験机の上には、T字型の通路があり、飼育容器から連れてこられたモモジロコウモリがいた。そして、T字型通路の両側には小型スピーカーがあった。

一方、実験机の下には、底に一〇センチくらいの深さで砂が敷かれた大型水槽が設置されており、底の中央部には一〇センチ四方くらいの平たい石が二枚重ねるようにして置いてあった。さらに、石の下の砂は少し掘られ、深さ三、四センチくらいの隙間が、石の下につくられていた。

さて、これからいったい、**何が起こるのだろうか!?**

本章の主役、モモジロコウモリと悪役のフクロウ（結構かわいいけど）。
まずは挨拶がわりに。フクロウは声のみの登場ですが……

初老の、いや終若（「初老」をもじった私の造語です）の、少し白髪が見え隠れする孤高の動物行動学者は、T字型通路の手前の中央通路入り口から、大事そうに手に握ったモモジロコウモリをなかに入れていった。なにやら、やさしい声でモモジロコウモリに語りかけながら。

モモジロコウモリが中央通路を前方へ元気よく進みはじめたら、終若の孤高の動物行動学者は（もう面倒。〝私は〟じゃ）、素早くT字型通路の両側の小型スピーカーに手をのばし、一方のスピーカーからフクロウの鳴き声を、もう一方のスピーカーからシジュウカラの鳴き声を再生しはじめた。

ちなみに読者のみなさんは、「コウモリ」と

実験机の上に置かれたＴ字型通路。この通路の両側に小型スピーカーがあり、片方からはシジュウカラ、もう一方からはフクロウの鳴き声を再生した

聞くと、夜の空を飛んでいるところや、洞窟の天井などから逆さにぶら下がっている姿を思い浮かべられるかもしれない。でも、**地面を這うこともあるコウモリもたくさんいる**のだ。

その代表はニュージーランドのツギホコウモリだろう。ツギホコウモリは活動時間のうちの半分近くを地面を這って過ごし、枯れ葉などの下に隠れている虫などを捕まえて食べていると言われている。地上を徘徊する肉食獣がニュージーランドには少ないことが理由の一つだと考えられている。

一方、私は、実験のために、洞窟性コウモリを中心にしたさまざまな種類のコウモリを、野外や実験室で観察し、洞窟の天井や木の表面、地面を巧みに這う習性をもつコウモリが結構いることを目の当たりにしてきた。彼らの生活のなかで役に立つ習性なのだろう。

そういったコウモリのなかに、ユビナガコウモリやモモジロコウモリ、コテングコウモリがいる。

これらのコウモリは「通路」のなかを這ってくれるので、中央通路のつきあたりで**左か右のどちらを好むか、あるいはどちらを嫌がるか**、を調べる実験ができるのだ（ちなみに、なかなか這ってくれない多くのコウモリ、たとえばキクガシラコウモリではT字型通路を使った実験は成立しなかった）。

そして〝そのとき〟（冒頭参照）は、Ｔ字両翼の**右側のスピーカーからはフクロウ**の鳴き声が流され、**左側のスピーカーからはシジュウカラ**の声が流されていた。

モモジロコウモリは、中央通路を、緊張した様子で進んでいき、左右の分岐点に近づいたとき、一瞬、頭を左右にふり、ぐいっと体を左に曲げ大急ぎで左翼の通路を進んでいった。

私は**「オーッ！」**と心のなかで叫んだ。

フクロウの声が聞こえてくる側を避け、そうして、その声から遠ざかる側へとＴ字の左翼通路のなかを一生懸命這っていったのだ（その先にはシジュウカラの声があったのだが）。

そして、さらに次の瞬間目にした光景を、**私は死ぬまで忘れることはないだろう。**マジで。

左翼通路の真ん中あたりで止まり、身を潜めるように体を丸くしたモモジロコウモリは、フクロウの、ホーッ、ホーッという一音一音に対応するかのように、あたかも震え上がるかのように**体を小刻みに震わせた**のだ。それればかりか、一度は、後ろをふり返るように顔をフクロウの声が聞こえてくる側に向け、**チーッ！という、威嚇音のような声を発した**のだ。

私の胸は張り裂けそうだった。マジで。

そしてしばらくその場にうずくまっていたあと（私が、ではなく、コウモリが）、力をふりしぼるように前進し、フクロウの声が聞こえてくる側と反対側の、左翼通路の出口から飛び出していった。

私は確信した。

やはりコウモリはフクロウの声を認知し、フクロウを避けようとするのだ。

ちなみに、自然界でコウモリがフクロウに捕食されていることは、世界の多くの種類のコウモリについて学術誌に報告されてきた。しかし、コウモリがフクロウの声を認知し、避けようとすることを示した研究は一つもなかったのである。

コウモリがねぐらにする洞窟の前や周辺で、フクロウの声を聞かせてコウモリの行動の変化を調べる実験はいくらか行なわれていた。でも、どの研究もコウモリの明確な行動の変化を見出していなかった。

じつは、私も、キクガシラコウモリなどが休息している洞窟のなかでフクロウの声を再生して聞かせたことがあった。しかし、確かにコウモリたちはそのままじっとしていて、なにか行動を起こす気配は見られなかった。だから私は考えたのだ。こういった方法では見出すことができないコウモリたちの心理の変化を浮き上がらせる、**もう一歩踏みこんだ実験**の方法を。

そして、**試行錯誤の結果**行き着いたのが（ほんとうは、あまり試行錯誤していない。直感的に思いついたのだ。でも、野生の感性に加え、さまざまな動物とのふれあいをとおして肌にしみこんだ知見が、その直感を生んだにちがいない。**じゃーーーん。間違いない！**）、「這う」という習性を利用したT字型通路を使った実験なのだ。

そして、そして、じつは、私を興奮させる出来事は、これでは終わらなかったのだ！

私の胸は、もうほとんど張り裂けたのである（まー、それくらい興奮したということだ）。

みなさんは、私が本章の冒頭で次のように書いたことを覚えておられるだろうか？

「一方、実験机の下には、底に一〇センチくらいの深さで砂が敷かれた大型水槽が設置されており、底の中央部には一〇センチ四方くらいの平たい石が二枚重ねるようにして置いてあった。さらに、石の下の砂は少し掘られ、深さ三、四センチくらいの隙間が、石の下につくられていた」

これは、いわゆる伏線というやつで、あとあと重要な意味をもってくるのだ。

ちょっと説明が必要になる。

二〇〇一年に書かれた論文で、当時、三重県科学技術振興センターの佐野明さんと津市立高茶屋小学校の秋田勝己さんは、次のような報告をされていた。

二人の著者は、**河川敷の石の下でモモジロコウモリが休息**しているのを発見したというのだ。そして、お二人は、モモジロコウモリが石の下に隠れる習性をもつことを確認するため次のような実験を行なった。

容器のなかに砂を敷き、中央に平たい石を置き、そのなかに（コウモリが容器の外には出られないような状態にして）コウモリを入れ行動を見る。

そのとき、行動を調べたコウモリは、モモジロコウモリのほかには、ユビナガコウモリとキクガシラコウモリだった。すべて同様な環境にした容器のなかに、それぞれのコウモリを入れてみたのだ。

その結果、モモジロコウモリは実験した三匹のうち二匹について確かに砂を掘って石の下にもぐりこむことが確認され、一方、ユビナガコウモリとキクガシラコウモリは、それぞれ、実験した三匹とも、石の下にもぐりこむ行動は示さなかった。

私はこの研究に**大変感心した。**

というのも、それまでに知られていたコウモリ類のねぐらは、洞窟の天井や岩の割れ目、樹洞のなか、木の枝や葉の間であった。変わったものとして、時々、地面の枯れ葉の下に潜んだり（アカコウモリ）、朽木の腐食部をかき出してそのなかにもぐったり（ツギホコウモリ）することもある種類がいることも知られてはいたが……。

いずれにしろ、地面の砂を掘って石の下にもぐりこむ習性をもつコウモリは知られていなかったのだ。

そして私は、その後、その研究がどのような発展をするのか注目していた。でも、それ以後、モモジロコウモリの砂掘り石もぐり行動に関連した論文は発表されなかった。

そこであるとき、モモジロコウモリの対フクロウ音声行動を調べようと思い立った私自身が、ついでにモモジロコウモリの砂掘り石もぐり行動も調べてやろうかと思い、対フクロウ音声行動を調べる予定にしていた机のそばで、次のような、砂掘り石もぐり行動を調べる環境をつくったのだ。

……「一方、実験机の下には、底に一〇センチくらいの深さで砂が敷かれた大型水槽が設置されており、底の中央部には一〇センチ四方くらいの平たい石が二枚重ねるようにして置いてあった。さらに、石の下の砂は少し掘られ、深さ三、四センチくらいの隙間が、石の下につくられていた」

それが下の写真だ。

ちなみに左側の白い容器には、水や餌が入っている。右側のセメントブロックは、底に砂や石がない状態で飼育しているとき、コウモリがぶら下がって眠ったり休息したりするための場所である。

底に砂や平たい石を設置したのはそのときがはじめてで、それまではずっと、なかにセメントブロックを立てて置き、金網の蓋をした大きな水槽で飼育していたのだ。モモジロコウモリ

モモジロコウモリの砂掘り石もぐり行動を観察するための環境

は、天井の金網にぶら下がったり、セメントブロックの壁面にへばりつくようにして、眠ったり休息したりしていたのだ。

さて、「対フクロウ音声行動」実験に先立つこと約一週間、まずは、写真のような、砂・平石の入った水槽内でのモモジロコウモリの観察が始まった。もちろん、どんな砂掘り石もぐり行動が見られるのか、**ワクワクしながら。**

しかしだ。**一日たっても、二日たっても、**モモジロコウモリが石の下に入っているのを見ることはまったくなかった。時々、餌を食べたり水を飲んだりするために下におりていたことはあったが、それ以外はセメントブロックの壁や天井（金網）のところで逆さになっていた。

「モモちゃん、石の下には入らないの？　入るはずなんだけどね。入ってよ」

みたいなお願いを何度かしてみたが効き目はなかった。

そのまま一週間たち、フクロウの声に対する反応を調べる用意がそろい、私の頭は、「砂掘り石もぐり行動」実験から、「対フクロウ音声行動」実験へと切り替わった。

そして「対フクロウ音声行動」実験に最初に使ったモモジロコウモリは、まずは、そばに置いていた砂・平石水槽のモモちゃんだったのだ。

さて、**その実験で何が起こったのか？**

それが前半で書いた結果だ。私が「オーッ」と叫び、胸が張り裂けそうになった、あの「フクロウの鳴き声のするほうを避け、反対側の通路を急いで這って進み、一度止まって体を小刻みに震わせ、フクロウの声のほうにチーッ!と声を発した」結果なのだ（ちなみにその結果はほかの四個体のモモジロコウモリでも確認し、やがてユビナガコウモリやコテングコウモリでも確認することになる）。

それからどうしたか?

私は、通路から出たモモちゃんをそっとつかみ、**「ごめんね、怖かった?」**みたいなことを言って、砂・平石水槽に帰したのだ。モモちゃんが好きなコンクリートブロックの上に置いてやったのだ。

そのときだ。今度は、私の胸が、もうほとんど張り裂けたのは。

なんと、なんと、モモちゃんは、大好きなコンクリートブロックからそそくさと下におりていき、砂をかくような動作をして平石の下にもぐりこんだのだ!

私はびっくりした。**えっ!**

でも、そこは私くらいの研究者になると、その状況を瞬時に、かつ、冷静に、かつ、客観的に分析し、次のような仮説を考えたのだ。

「もしかすると、モモジロコウモリは、フクロウの存在を感じとったとき、その防御行動として地面の石の下に身を隠すのかもしれない」

こうなると次は、「フクロウの声を聞く→砂掘り石もぐり行動の発現」の再現性の検証へと進むことになる。

つまりモモちゃんも含め、ほかのモモジロコウモリでも、「フクロウの声を聞く→砂掘り石もぐり行動の発現」が安定して起こるかどうか調べるのだ。もちろん、それぞれの個体に関して、一回実験したら一日以上時間をおいて次の実験、などといったコウモリのことを考えた配慮が必要になる。

その結果、わかったこと。

それは、「フクロウの声を聞かせることなく

モモちゃんはそそくさとブロックから下におり、砂をかくようなしぐさをして平石の下にもぐりこんだ

水槽にもどしたときは砂掘り石もぐり行動はほとんど起こらないのに、声を聞かせたあとにもどしたときは、七〇パーセント近くの割合で砂掘り石もぐり行動が行なわれる」ということだ。

この結果が姿を現わすにつれて、私は、〝胸がもうほとんど張り裂ける〟というより、**〝脳がゆっくり、とびっきり心地よい深呼吸をする〟**という感覚を体験した。

このようにして、私は、思いもかけず、それまで抱えていた別々の二つの大きな実験テーマについて、一度に大いなる答えの概略を得ることになった。まさか、モモジロコウモリのフクロウに対する反応と、砂掘り石もぐり行動とが密接に結びついているなどとは、まったく思ってもいなかったのだ。

さて、**話はガラッと変わる。**

登場するのは同じくモモジロコウモリだが、内容はガラッと変わる。

でも私のなかでは、ここまでお話しした実験の話と、これからお話しする内容とは心のなかでしっかり結びついている。モモジロコウモリへの私の思いという、けっして切れることのない紐で結びついている。

そして、この話は、特に〝事件!〟という内容ではないのだが、どうしても読者のみなさんにお伝えしたい、いつか**〝世界の中心で叫びたい〟**（ちょっと古いけど）と思っていたのだ。「フクロウの声に対する反応」と「砂掘り石もぐり行動」の実験を行なった年の初め（二月の上旬）、私は体調が悪く脳が疲労して動かないという状態にあった。冬は毎年そうなのだ。いつまで続くともわからない、**なんとも言えない不安な、憂鬱な日々**を過ごしていた（わかっていただける方にはわかっていただけるだろう）。その年は、例年にも増して、特に状態がひどかった。

毎日毎日、片づけなければならないデスクワークを、まわらない頭、不調を知らせる体に鞭打って進め、気分をさらに落ちこませていたある休日の午後、私は、大学の近くの小高い山のすそ野にある隧道《ずいどう》に行こうと思い立った。

隧道というのは、要はトンネルのことで、いろいろな目的のためにつくられたものを総称してそのように呼ぶのだ。たとえば、川の水を離れたところにある田んぼに引くとき、地形のでっぱり部分にショートカットのために直線の隧道を掘る、といった場合である。

そして大学の近くにはいくつかこういった隧道があるのだが、そのなかでも、そのとき私が行こうと思ったのは、甑山《こしきやま》という山のすそ野につくられた隧道だった。昔、甑山のこちらの集落から向こうの集落へ行くとき、山を越えたりすそ野を大まわりしたりすることなく、直線の隧道でショートカットするためにつくられたものだと思われる。

長さは五〇メートルくらいで、底に水深一〇センチくらいの水が緩やかに流れている。最初、そのなかに入ってみてちょっと驚いたのは、山の向こう側の入り口から、種類は不明だが、ある樹木の根が入りこみ、その根が隧道のなかほどまで真っすぐにのびていたことだ。


その隧道へはそのときまで三度ほど行ったことがあり、キクガシラコウモリや、鳥取県では比較的めずらしい、そう、モモジロコウモリに出合ったことがあった。

卒業していったYsくんやYnくんが県内の洞窟性コウモリの分布を調べたかぎり、モモジ

甑山のすそ野につくられた隧道。山の向こうの集落に行くときに大まわりしなくてすむようにつくられたものだろう

ロコウモリはほぼ例外なく、底に一〇センチ以上の水がある場所でなければ見つからなかった。この甑山隧道は、まさにその条件を満たしていたのだ。

そのとき甑山隧道にコウモリがいる保証はまったくなかった（時期からして冬眠している）。特にモモジロコウモリは。彼らはよくねぐらを変える種類なのだ。

でも私は思ったのだ。**私が自然を離れたら私ではなくなる。**今そんな状態に近づいているのかもしれない。

そんな私に、私の（脳の）なかの自然が呼びかけているのかもしれない。

隧道の向こう側の入り口から樹木の根が入りこみ、なかほどまで真っすぐにのびていた

野に出てみろ。野生生物を追ってみろ、と。別にコウモリはいなくてもいい。自然には必ず出合うのだから、と。それで体調がさらに悪くなったら、それはそのときだ、と。

私はだるい体を動かして車に乗りこみ、大学から二〇分ほど走り、隧道近くの山道の脇に車を止めた。

田圃のなかを歩き、すそ野の斜面を登り、一〇分ほどどして隧道の入り口に着いた。

少し身をかがめてなかに入ると、長靴が、くるぶしのあたりまで底の泥のなかに沈んだ。水自体はとても澄んでいたが、私の一歩一歩とともに泥が巻き上がった。隧道のなかは外と違って少し暖かく、**空気の質が野生っぽい**（どんな

隧道の天井で見つけたカマドウマ。数個体が塊になって越冬していた

空気だ⁉)。

天井はコンクリートで覆われていたがところどころ表面がはがれ、でこぼこの岩がむき出しになっていた。

そんな隧道の天井で**まず見つかったのは、カマドウマ**というバッタの仲間である。数個体が塊になって越冬していたのだ。

ちなみに、カマドウマは隧道や廃坑をはじめとした、〝(用ずみになった)トンネル〟にはたいてい見られ、少なくともコウモリがいる場所には必ず見られた。

そしてカマドウマがいる場所にはだいたい、こわもての、体ががっしりした**何種類かのクモ**(そのなかの一種はアオグロハシリグモだ)が

カマドウマのいるところにはクモがいる。カマドウマやクモやコウモリが糞をして、その糞は土壌動物や微生物の栄養になっている

いる。すべて糸は張らない種類だ。

読者の方も予想されるかもしれないが、クモはカマドウマを捕食しているのだ。ただし、その場面はなかなか見ることはできない。私は幸運にも、ある別な〝トンネル〟で、カマドウマを食べているクモを見たことがある。さらに、文献では、キクガシラコウモリがカマドウマやクモを捕食した痕跡が見られたと報告されている。

一方、カマドウマやクモやコウモリは糞をする。その糞は底に落ちてたくさんの土壌動物（トビムシやアリやミミズなど）や微生物の栄養になっている。入り口しかない奥深いある廃坑では、たくさんのサワガニが主《ぬし》のように棲んでいたり、別な廃坑では、奥に広がる深い水場にアカハライモリがいたことがある（サワガニもアカハライモリも体色が薄く白っぽかった）。

〝トンネル〟という暗い閉鎖的な空間のなかで、完全ではないにしろ**一つの生態系が成立しているのだ。**

私は進んでいった。隧道も半分を過ぎ、向こう側の出口の光が点のように見え、点がだんだん大きくなっていった。

そして、いよいよ出口に近づいていき、「今日はコウモリには会えなかったなー」と思った

そのときだった。少し外側の光が差しこむ前方の天井に、なにやら**見覚えのあるシルエット**が小さく、しかしシャープに浮かび上がっているのを感じた。

　私の脳の無意識の領域は私より先にその存在を認知し、感激していた。私も負けてはいない。すぐに、そのちょっと複雑なシルエットが、まごうことなき、数匹のモモジロコウモリのものであることを確信した。

最後の最後に、彼らはいてくれたわけだ。三匹のモモジロコウモリが天井で体を寄せあって冬をじっと耐えていた。

　会えたことが**無性にうれしかった。**

　もちろん、それで私の体調が回復した、とい

出口近くの天井に、モモジロコウモリたちが体を寄せあっていた

うわけではない。

ただ、ああ、これが自分なんだ。これでいいんだ、という気持ちがわいてきて、**じっと耐える力をもらった、**と言えばいいのだろうか。

いろんな事情が重なりあって、今度は今までのなかで一番きついなー、とか思うのだが、でも、結局、今までもこうやってきたよなーと改めて思ったのだ。

隧道の先に小さな光が見えたときのように、自然のなかに身を置いて、**自然を感じること**によって、**日々の先に小さな光が見える**のだ。……と言ったらちょっとカッコつけすぎか。

そんなことを経ながらいろんな時間を歩いていき、「モモジロコウモリがフクロウに対して示す2つの反応！」にも出合えたのだ。

「ダーウィンが来た！」が来た

芦津のモモンガ、テレビデビュー

二〇一七年の二月だったと思う。

NHK（日本放送協会）のOkさんから電話があった。

大学の代表番号に電話されたらしく、総務課のMさんが対応された。私の研究室に電話を回されたらしいのだが、私は外出していた（のだと思う）。

あとで総務課にある用事で行ったら、Mさんから、「Okさんが**『以前、先生に砂丘で助けていただいたんです』**と言われていましたが、**先生、何をされたんですか**」と尋ねられた。

Mさんの頭のなかには、砂丘にできた大きなアリジゴクのすり鉢のようなところにOkさんがもがきながら沈んでいき、そこに私が、ロープでも投げて引っ張りあげるような場面が浮かんだのだろうか。

ちなみにOkさんが「砂丘で助けていただいたんです」と言われたのは、鳥取砂丘の砂の動きや生物のくらしを紹介したTV番組「さわやか自然百景」の制作で、少しだけ私が関係したからだと思う。けっして、Okさんが、砂丘のなかで、砂に埋もれかかったり、道に迷って干からびそうになったりしたわけではない。

その後、電話でだったか、直接来られてだったか忘れたが、Okさんからのご依頼は、次のようなことだった。
国内外の動物の生態を紹介するＮＨＫの人気番組「ダーウィンが来た！　生きもの新伝説」を、（私が調査している）鳥取県智《ち》頭《づ》町《ちょう》芦《あし》津《づ》のニホンモモンガを対象につくりたい。ついては協力をお願いできないだろうか。

じつを言うと、私はそのころ（かなり以前から！）、「ダーウィンが来た！」をほとんど見ていなかった。「ダーウィンが来た！」が放送されるのは日曜日だとはいえ、日曜日であっても大学関係の仕事や野外調査で、番組の開始時刻（午後七時三〇分）までに帰宅することはほとんどなかったからである。

ただし、まれに見ることができたときの「ダーウィンが来た！」は、学術的にも結構面白く、それをわかりやすく構成しているところがとてもいい番組だ、と思っていた。だから、Ｏｋさんからの話を聞いて、まずは、**ニホンモモンガがその番組で紹介されることはうれしい**と感じた。

それに、私が、ニホンモモンガの生息地の保全のために、ニホンモモンガをシンボルにした地域の活性化につながればいいと思って活動している**「芦津モモンガプロジェクト」にとって**

もよいにちがいない。さらに、**公立鳥取環境大学の全国へのアピール**という意味でもよいにちがいない。

そんなことを思った私は、「芦津モモンガプロジェクトや公立鳥取環境大学のアピールにもつながるようにしてください」というお願いをして引き受けることにした。「私も大学のことで結構忙しいですし、提供できるものもかぎられていますよ」という点を確認することも忘れなかった。

いろいろ注文ばかり言うのはＯｋさんには申し訳なく気が引けたが、そこはしっかり伝えておかないと、と思ったし、率直に言って私はＯｋさんを信頼していたのだ。

さて、今は二〇一七年七月二一日一〇時三六分だ。

三時間ほど前にＯｋさんから電話がかかってきて、(映像のなかで)「モモンガの巣穴のそばを通り過ぎた、一瞬だけ体半分が見えた動物は〝テン〟ということでいいですね」という最終確認があった(それより前に映像は送られてきていたのだ)。ナレーションの内容についての質問だろう。そのやりとりが終わったらＯｋさんが、**「もうこれで番組の編集は終わりです」**(つまり番組はでき上がったということ)と言われた。

気分的に私もなんだか一区切りついたような気がした。

「放送日は九月一七日です（実際の放送日は、なにかの都合で一週間ずれて二四日だった）」。続けて**「よい番組ができたと思います」**と言われたので、私が「さすがですね」と言って、電話の会話は終わった。

そして今、撮影が始まってから今日までの、約五カ月のなかで起こったいろいろなことが思い出され、それを書いていこうと思うのだ。それは楽しい作業でもあり、反省の作業でもある。勉強になったことを確認する作業にもなると思う。

ぼんやりとその五カ月をふり返り、まず頭に浮かんできたこと、それはちょっと意外でもあり、なるほどな、と思うことでもあった。

三月の標高七〇〇メートルのモモンガの森のなか。**夜の一〇時**くらい。

一面の雪野原。そこに**満月の曇り一つない光**がさし、葉を落としたブナやミズナラの**木の影が雪面にくっきり横たわり……。**

見わたせば、近くを流れる谷川からは、靄《もや》と言えばよいのか霧と言えばよいのか、白い煙が立ちのぼっている。でも谷川の水の音は聞こえない。静寂とはこんな状態をいうのだろう。

今までの人生のなかで一度も見たことのない幻想的な（この言葉がまったく誇張ではない、というかこの言葉以外には思いつかない）光景だった。そんな光景の前に、私は立っていた。

「そこでいったい何をしていた？」

読者の方はそう聞かれるかもしれない。そうだろう。私が読者だったらそう聞くだろう。よくぞ聞いてくださった。説明しよう。

それはディレクターのＯｋさんとカメラマンのＴｋさんたちが、モモンガの森に入って撮影を始めてしばらくしたころのことだった。

標高七〇〇メートル。満月の光が降り注ぐ雪野原（それはさっき言ったか。歳で忘れっぽくなっている）。

気温は零下一〇度を下まわり、さらにどんどん下がっていく。**寒い。半端なく寒い。**

Ｔｋさんと助手のＫｒさんは、小さなテントのなかから前方一〇メートルほど、地上から六メートルのところに設置しているモモンガの巣箱に向けられたカメラをじーっとのぞいている。その巣箱からいつモモンガが出てきても対応できるように、構えていなければならないのだ。

Ｏｋさんは Ｏｋさんで、厚着をして、ちょっと性能の落ちるカメラで、別の木の巣箱を注視

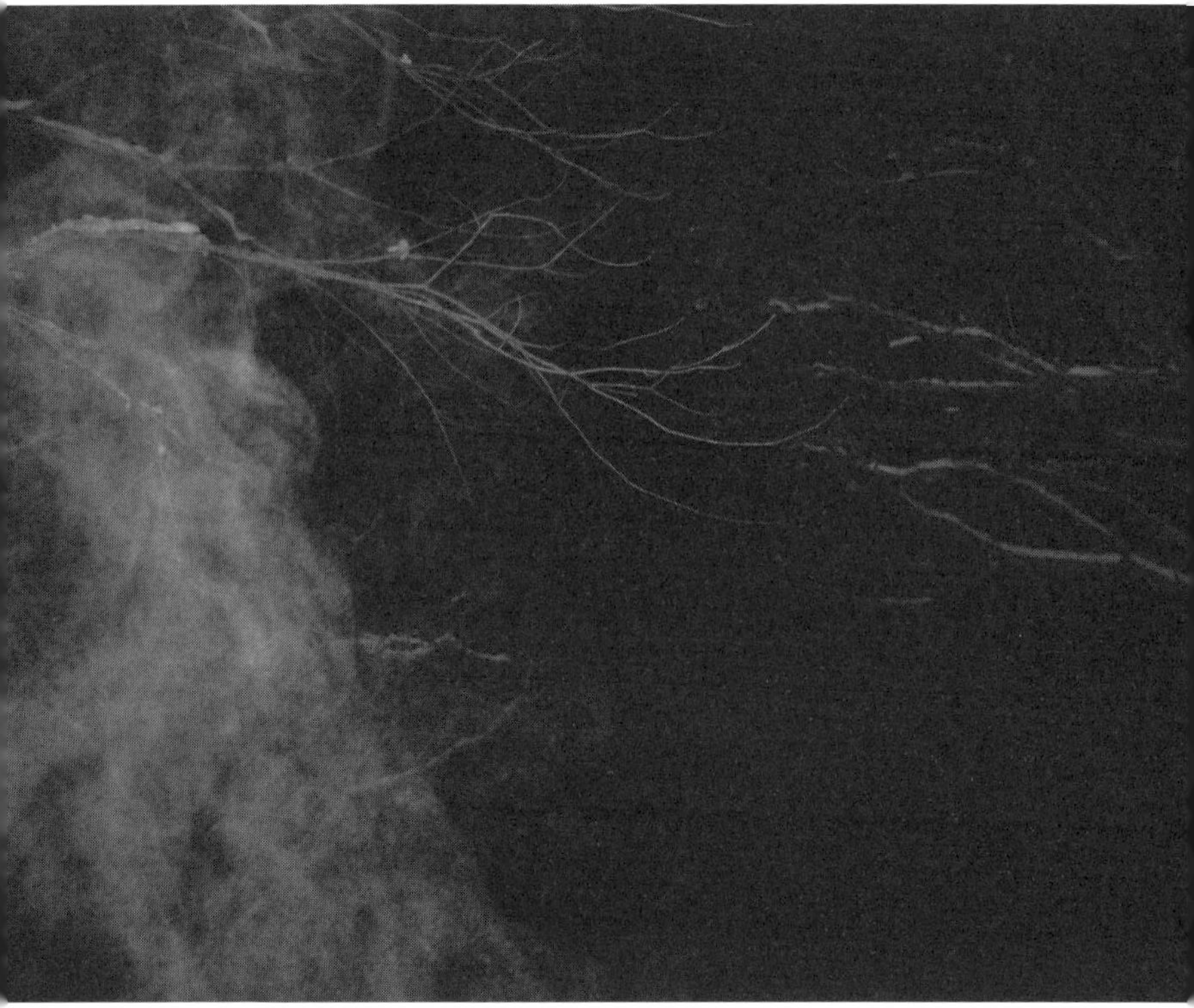

モモンガの森、夜10時。一面の雪野原に満月の光がさし、近くを流れる谷川から、靄と言えばよいのか霧と言えばよいのか、白い煙が立ちのぼっている。幻想的な光景の前に私は立っていた

していた。

一方、そこには三人の学生たちが同行していた。

山形の月山《がっさん》のふもとで育ったＭｏくんは……寒さにめっぽう強い。雪の上で、樹に背をくっつけ脚を投げ出した格好で、じっと巣箱を見ていた。大学院生のＭｋさんと四年生のＷｋくんは……記憶にない。きっと、そのときの私には、前方の視野に入っていない人物の行動を知ろうとするようなゆとりなど、まったくなかったのだ。じっとしていたら体がマジ氷になってしまうような感覚を覚え、**体は「とにかく動いてくれ」と叫び声をあげていた。**私は雪原のなかを歩いた。

カメラがねらっているモモンガの巣箱から離れた場所を選び、谷のほとりや、山の上へとつながる斜面を歩きつづけ、はっと気づくと、先ほどお話ししたような光景が目に飛びこんできたのだ。その光景をカメラに収めようとしたが、とてもとてもカメラに収まってくれる光景ではなかった。

雪は二メートル近く積もっているだろう。そのときまで、三月初めの、夜の一〇時に、モモンガの森を歩いたことなどなかった。

そしてそのとき思ったのだ。**ニホンモモンガはこんな世界を生きている動物なんだ、**と。三月の高地の寒さのなか、冷たく澄みきった空気を切り裂いて、眼下にこんな光景を見ながら森を飛び、生きているんだ。

その日は私は結局モモンガには会えずじまいだった。でも今思えば、そのときこそ、私のモモンガへの思いに、**新たな敬意のような感情が生まれた**瞬間だった。それは「ダーウィンが来た！」が来なければ、体験することがなかった場面だった、と思うのだ。

さて、五カ月をふり返り、次に思い出すこと。それは、**子どもを産んだ母モモンガのライブ映像だ。**

運よく、子ども（二匹）を産んで数日と思われる母モモンガを、巣箱の上に取りつけた

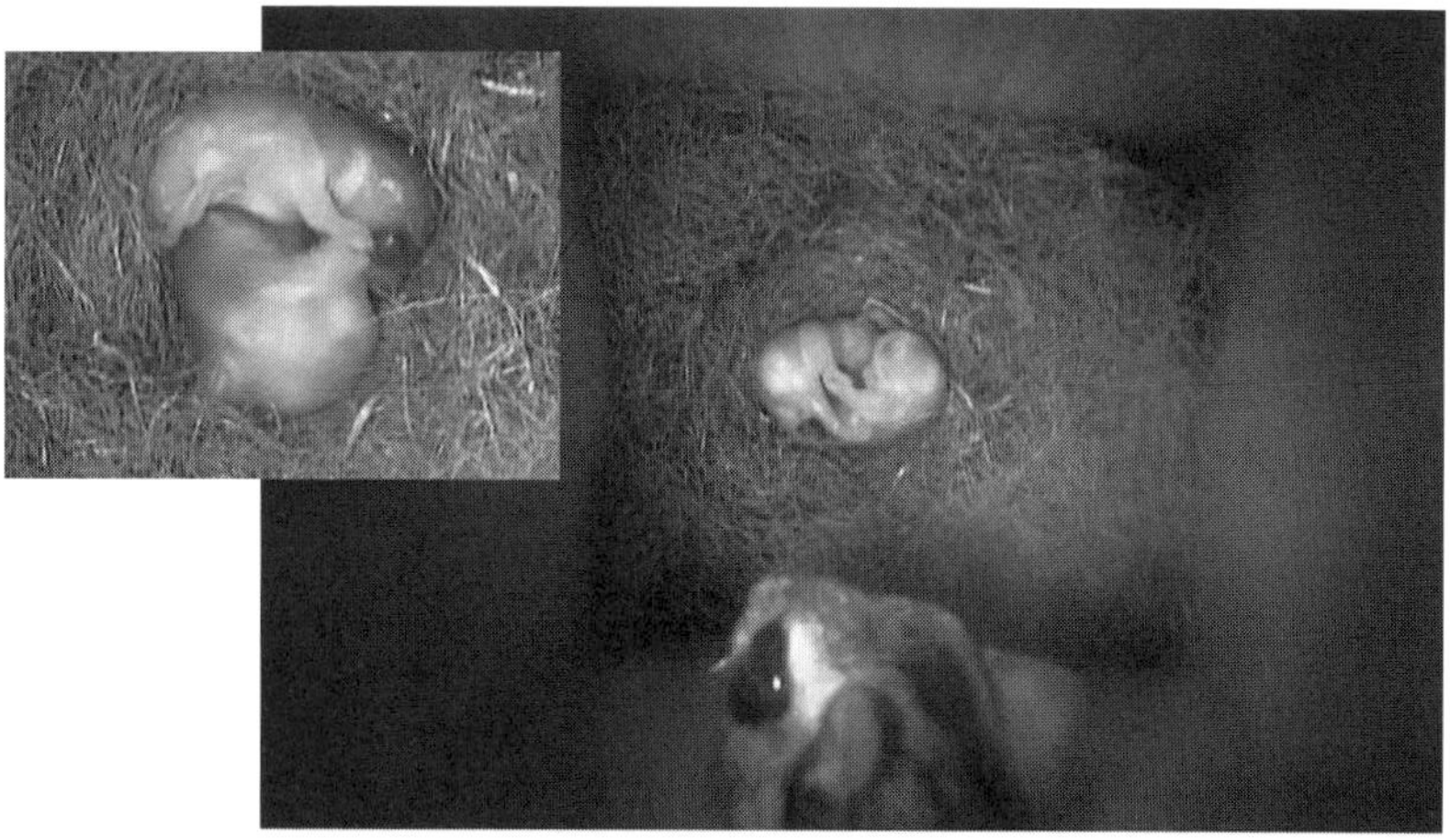

生まれて数日と思われる２匹の子どものいる巣を、上に取りつけたカメラで撮影することができた。母モモンガが子どもたちをのぞいている

カメラで撮影することができたのだ。われわれはその映像を、巣箱から離れた場所のモニター画面で見ることができた。

これまで持続的に、子と母親との相互作用を記録した事例はなく、今後じっくり見ていけば（映像の量は膨大だ！）、子と子、母と子の相互作用の詳細を調べることができ、学術的にも価値のある知見が得られるかもしれない。

現時点で、私の記憶のなかに興味深く刻まれている内容は次のようなことだ。

①幼獣同士は、**巣のなかで互いにくっつきあおうとする。**体毛もなく目が皮膚で覆われている生後数日の幼獣も、お互いにニオイで相手を認知し、四肢を懸命に動かしてくっつきあおうとする。

②体毛がおおかた生えそろった（しかしまだ瞼《まぶた》は開いていない）状態の幼獣たちは、母親が巣にもどってくると、**クピー、クピー**といった声を出す。**その声は母親の授乳の気分を高める**らしく、母親はすぐ子どもたちを腹に巻きこむようにして丸まり、授乳が始まる。

③母親は、幼獣たちへの授乳の経過とともに**体毛が抜けてきて、〃肌荒れ〃**ならぬ**〃毛皮荒れ〃になる**（そらそうだわなー。自分の体の一部を乳に変えているのだ。栄養が十分ではなく

なり、それが〝毛皮荒れ〟を引き起こすのだろう）。いつもはけっして食べることのないチーズ（一センチ角くらい）を、試しに巣箱の上に置いておいたら、数日で半分くらい齧って食べていた。

④幼獣の成長とともに、母親が幼獣たちを巣に残して外出する時間がだんだんと長くなる。幼獣への授乳量が増していくため、それをまかなうだけの栄養を外で補給しているのだろう。

⑤体毛が生えそろい、目がしっかり開いてくると、幼獣たち（今回の撮影対象になったのは二匹の雄、つまりお兄ちゃんと弟の双子）は、起きているときは頻繁に**相手の背中に抱きつこうとする。**お兄ちゃんも弟も抱きつこうとするので取っ組み合いのプロレスのようになる。ちなみに、その行動の意味に関する私の解釈は次のとおりだ。

モモンガの幼獣たちは、体毛が生えそろい、目がしっかり開いてくると、起きているときは頻繁に相手の背中に抱きつこうとする

抱きつき行動は、やがて彼らの生活のなかで特に大切になる〝木の幹に両手をまわして樹を登る〟動作の練習になっているのではないか。

滑空して隣の木に着地したとき、その位置はたいてい、飛び立った位置から比べるとかなり低い位置になる。だからモモンガは、まずは幹を上に登らなければならない。そのときの動作は、幹に抱きついて、まさにチビたちが相手の背中側にまわって抱きついて背中を登っていこうとする動作によく似ているのだ。
⑥幼獣たちの生活のリズムは、誕生後の、「寝る」→「起きる」のランダムな、短時間の繰り返しから、成長とともに、日中「寝る」→夜「起きて活動」という、母親と同じパターンに移行していく。生後二〇日目くらいで巣穴から顔を出しはじめ、**四〇日くらいたつと、もう巣の外で過ごす時間が長くなる。**
以上、まとめると………、「兄弟は、組んずほぐれつ、〝背中抱きつき〟も含めてひっつきあい、ちょっかいを出しあい、………そんな光景はとてもほほえましい。**巣のなかでのそんな姿を一度見たらもう忘れられない**」ということになろうか（どこがまとめじゃ！　まったくの個人的な感想だろうが。………一応自虐ネタです）。

さて、気をとり直して、次の記憶は、「モモンガの飛翔」だ。

〝ニホンモモンガの生態〟の番組に、〝皮膜を広げての滑空〟は欠かせないだろう。モモンガの兄弟が成長して飛べるようになる場面が撮れたら最高だ。

カメラマンのTｋさんたちは、モモンガの飛翔の、少しでも、（もう一回言おう）**少しでもよい映像を求めて、**執念で撮影に挑んだ（私にはそんなふうに感じられた）。高画質の映像が撮れる7Kのビデオカメラを携えて。

モモンガは、飛翔のとき、まず木の幹を上へ上へと登っていくことが多い。できるだけ高い地点から飛び出し、飛距離をかせごうというのだ。したがって多くの場合、飛翔の開始は、枝が繁茂する樹木の上部からということになる。その場合、当然ながら、飛翔開始時のモモンガの姿は、葉や枝にさえぎられてしまう。そんな状況で、なんとか、モモンガの姿がはっきりとわかるような場面を撮ろうと、時間と空間のわずかな瞬間を探しつづけ、**待ちつづけるのだ。**すぐに反応できる**緊張感を保ったままで。**

そして、もう一つハードルになったことがあった。

それは、（これは今回の撮影ではじめて確認された、学術的にも貴重な発見なのだが）ニホンモモンガは、飛翔中に飛翔方向を大きく変えることができる、ということだ。

なんでそれがハードルになるかって？　それはこういうことだ。

われわれはみな、モモンガは真っすぐに飛翔すると思っていた。だからTｋさんたちも、飛ぶ直前の体の向きから飛翔の方向を予想し、ある程度モモンガにズームしてカメラを構えていたら、**飛翔後のモモンガがカメラの視野のなかから消えてしまう**のだ。

なぜって、モモンガが飛翔方向を変えるからだ。そしてどの方向に変えるかはわからないのだ。**飛翔のスピードも予想以上に速かった。**

なかなかモモンガの飛翔場面が撮れない。

時間は過ぎていく。

疲れがたまり、焦りが増していく。

しかしＯｋさんやＴｋさんたちは、粘りと発想で一つひとつ壁を乗り越えていく。

結局、「モモンガの兄弟が成長して飛ぶ練習をする場面」の撮影までたどりついていた。

最終的に、放送できると判断がなされた映像を見せてもらったとき、私は思ったのだ。**あー、これがプロなんだ、**と。

ちなみに、九〇度以上もの方向転換と並んで、７Ｋのカメラならではの画質によって、はじめて見ることができた飛翔時の動作があった。それは飛翔直後に、空中で見られる、皮膜を小刻みに左右に震わせる動作である。

この、**飛翔直後の「皮膜ブルブル」**は、ほぼすべての飛翔において観察された。ただしそれがなぜ行なわれるのか？　どういう動きをもっているのかはわからなかった。

そうそう、「皮膜ブルブル」については、思い出すとちょっと**良心が疼《うず》く出来事**がある。

撮影も終わった六月のある日、Ｏｋさん

飛翔する直前のモモンガ。私には飛翔しているモモンガは撮れなかった

から電話がかかってきた。

鳥取NHKの夕方六時台の「いちおしNEWSとっとり」というニュース番組のなかに「いちおし！この人」というコーナーがあるのだが、「ダーウィンが来た！」の宣伝もかねて私に出演してもらえないか、という内容だった。

タイトルは「杉が大好き！　ニホンモモンガ」で、「ダーウィンが来た！」の映像のなかから一部を放映し、モモンガの生態について話をしてほしい、ということだった。そして、その映像のなかに「皮膜ブルブル」を含んだ場面もあったのだ。

アナウンサーのKnさんからのふり、「高性能の7Kだと細かいところまで鮮明に見えますから、貴重な映像も撮れたのではないですか？」に対し、なんとかそれに答えようとした**けなげな私**は、「皮膜ブルブル」を口にし、続けて言ったのだ（サービス精神というか、場の空気を読んだというか、格好をつけようとしたというか）。

「この動作によって飛んでいく方向を調節しているんですよね」

この言葉の意味、自分にもわからない。どういう意味？

言った直後、私は自問した。明らかに、**適当に、無責任に、視聴者に対して専門家ふうな感じを与えたい**ためのウソではないか。

その収録が終わったあとも、私は自分でしゃべってしまった**その一言が気になってしかたなかった。**

今でもそのときの自分の行動には、〝良心が疼《うず》く〟のである。

ちなみに、ニホンモモンガが「皮膜ブルブル」を行なう理由だが、あれからずっと考えていて、ありえないでもない仮説は一つある。それは……**「骨あるいは腱のロッキング」**とでも言えばよいのだろうか（なんかそれらしく聞こえたりして）。

たとえば、キクガシラコウモリが洞窟の天井にぶら下がっているとき、爪がついている後ろ足の腱でそれが起こっているのだ。

つまりこういうことだ。

みなさんが壁にちょっとだけつき出た、何かの突起に手を（あるいは指を）かけた状態で、壁にぶら下がっている場面を想像していただきたい。かなりきつい状態であり、ほどなく限界がきて壁から落ちてしまうだろう。突起に手をかけた状態を維持するためには、指の筋肉を収縮させつづけなければならず、エネルギーの消費もかなり大きいのだ。

コウモリの場合も同じだ。もしコウモリが、筋肉の収縮だけによって指先の爪を天井の小さな凸凹にひっかけておく状態を続けるとしたら、大変なエネルギーの消費になり、いくら餌を食べても追いつかないだろう。

調べてみると、コウモリでは、爪を（凹凸にひっかけて）ある角度に保つためには筋肉の単純な収縮を利用しているのではないことがわかった（私が明らかにしたことではない）。爪につながる腱（硬化した筋肉繊維）が層状になっており、それぞれの層の表面には、ランニングシューズの裏の〝ギザギザ〟のような構造がある。このギザギザが、二面が接するところで、上下で互いに咬みあうと、まさにロック状態になる。物理的に咬みあい、筋肉収縮のためにエネルギーを使うことなく、腱が爪を、ある角度に保てるのだ。

このような事例も知っていた、博学で創造力と人格に秀でた動物行動学者である（と言ってほしい）私が考えた仮説は、以下のようなものだった。

モモンガが飛翔するとき、大きな風圧を受けながら皮膜を広げつづけることは、もしそれを単純な筋肉の力だけでやらなければならないとしたら、とても大きなエネルギー消費になる。だから、モモンガは、飛翔直後に、皮膜の広がりを支える骨同士、あるいは腱同士が、咬みあい、通常時とは異なった結合状態に移行してロックされるのではないだろうか。「皮膜ブルブル」は、その移行のための動作ではないだろうか。

ちなみにこの仮説を、あるときＯｋさんに電話で話したら、Ｏｋさんから即座に次のような言葉が返ってきた。「あー、たとえば、傘を開いたとき、カチッと音がして傘の骨がロックされるような………」

すばらしい。そうそういうことなんだ。私は自分が伝えたかったことがとてもうまく表現されていて喜んだ。

しかしそのあと、Ｏｋさんは、**ハハハッと笑って、**そこでその仮説に関する話は終わった。

………確かにイマイチの仮説だ。

山が雪に深く覆われていた三月に始まった撮影は、四月、五月と続いていった。

五月、雪の量はかなり少なくなっていた。でも地面は見えていなかった。そんなとき、Ｏｋさんから、**ある提案があった。**

それは、番組制作の協力を引き受けるときに私が希望したことでもあり、Ｏｋさんはそれをしっかりと覚えておられたのだ。

提案というのは、次のようなものだった。
鳥取環境大学による芦津モモンガプロジェクトの紹介の一環として、「地域の大人や子どもたちと、鳥取環境大学の学生が、夜、モモンガが巣から飛び出すところを観察する会」を撮影する。

それまで私は、芦津モモンガプロジェクトと称して、ニホンモモンガの生息地の保全と、その実現のための地域の活性化をめざした取り組みを、学生たちにも手伝ってもらいながら細々とやってきた。そのプロジェクトの一つの柱は、ニホンモモンガの生態の調査であり、もう一つの柱が、モモンガグッズの作成・販売とモモンガ・エコツアーの開催である。

そしてそのモモンガ・エコツアーの内容は、県内外の人たちにニホンモモンガを現地で観察してもらい、公民館への宿泊や「ももんがの湯」への入浴もしてもらう、というものであった。

Okさんからの提案は、そんなメニューの一場面を番組のなかで紹介する、というものだったのだ。

もちろん私は、**その提案を大歓迎した。**

当日の夜、五〇人くらいの大人や子どもが集まった。まずは私が子どもたちに、モモンガがねぐらとして使っている巣箱のなかの巣材（細かく裂かれたスギの樹皮の繊維）について説明した。それからモモンガの巣箱がよく見える場所に移動し、巣箱の穴をひたすら注視しはじめた。**巣箱には薄い明かりが向けられており、**モモンガの姿は、モニター用の画面でも見られるようにセットされていた。

ちなみに、その巣箱のモモンガは〝サラリーマン〟と呼ばれていた個体で、だいたい定刻（午後七時三〇分ごろ）に巣箱から出ていき、定刻（午前四時ごろ）に帰ってくるのだ。それまでの撮影にも協力してもらっていた個体で、薄い明かりにも慣れていた。

モモンガ・エコツアーで、モモンガの巣箱を観察する。巣箱には薄い明かりが向けられ、モニターでも見られるようにセットした

やがて、ほぼ定刻に〝サラリーマン〟モモンガは巣箱から顔を出した。子どもたちや大人たちの表情が輝いた。**音量を抑えた声での会話がそこらじゅうで聞こえた。**

ニホンモモンガは、巣箱から外へ出る前に、出入り穴から顔だけ出し、しばらく外をじーっと見る。状況を点検しているのだろう。時にはそのまま巣箱に引っこんでしまう場合もある。

そのときの観察会では、〝サラリーマン〟はサラリーマンらしく、数十秒程度、外を見つめたあと、巣箱をあとにし、いつものようにスギの幹をスルスルと、上に向かって登っていった。

そして、**飛んだ！**

ただし、枝葉にさえぎられて、その飛翔の姿を見ることができた人は多くはなかった。でも、

“サラリーマン”という愛称のモモンガが、巣箱から顔を出した。観察会に参加した子どもたちや大人たちの表情が輝いた

いずれにせよ観察会は大成功だった。

この観察会については、もう一つふれておきたいことがある。

シンガポールからモモンガを見に、はるばる来られた**フィリースさん**のことだ。

本シリーズ第一〇巻『先生、イソギンチャクが腹痛を起こしています！』の「モモンガの天敵たち」の章で、最後に私は次のように書いた。

＊　＊　＊

先日は、私の大学のアドレスに、シンガポールの男性（フィリースさん）からメールがきた。

芦津モモンガプロジェクトのホームページを見て、「モモンガ・エコツアーに是非参加したい」という内容だった。

海外からのメールははじめてだったので、私もちょっと驚いて、どれほど本気か尋ねてみた。

本気だそうだ。

モモンガの森は、冬は雪に覆われ、近づくこともできないので、春になったらまた連絡します、と返事しておいた。

＊　＊　＊

この文のなかのフィリースさんが「ダーウィンが来た！」の観察会に来たのである。

つまりこういうことだ。

シンガポールでＩＴの会社で働いておられるフィリースさん（私は勝手に男性だと思ってしまっていたが、若い女性の方だった。メールでのやりとりで、あるとき私からの文章に対してI am a girlと書かれていた）は、なかなかまとまった休暇がとれなかった。しかし、ちょうど「ダーウィンが来た！」の観察会の数日前からまとまった休暇がとれることになり、連絡があったのだ。

日中は、私のモモンガ調査を見学するエ

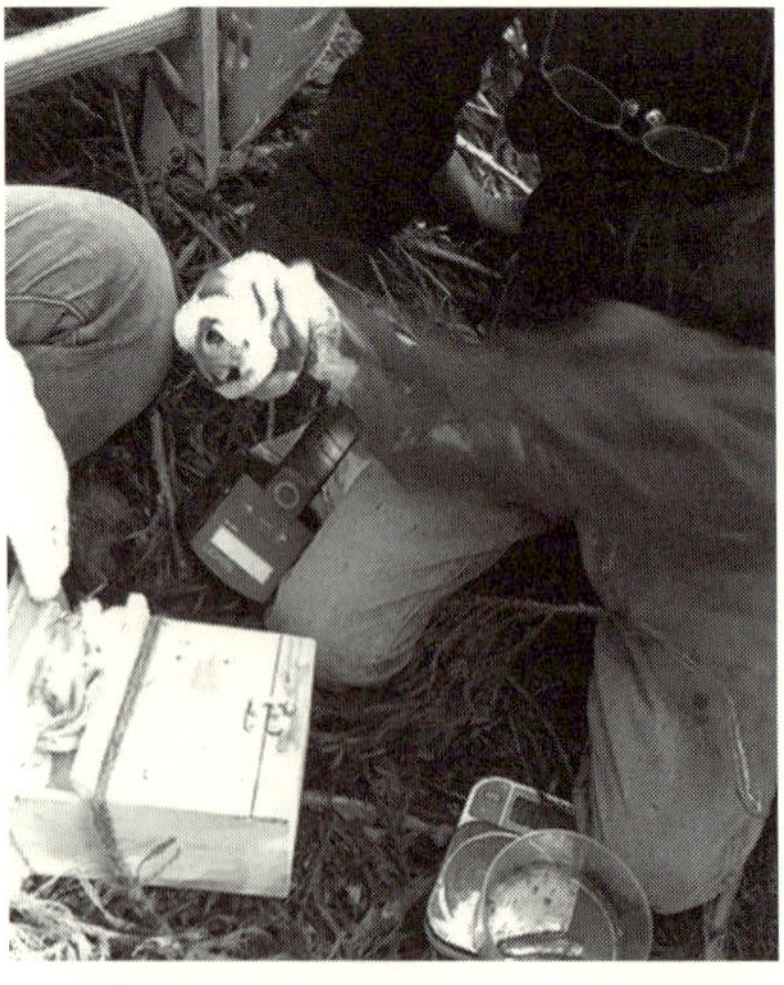

シンガポールから参加されたフィリースさんは、日中は私のモモンガ調査を見学するツアーでもモモンガを見ることができた

コツアー、夜は、〝サラリーマン〟モモンガの出勤を観察するエコツアー。

フィリースさんは、「私は昼と夜、二回もモモンガが飛ぶところが見られてとてもラッキーだった」と興奮気味に話された（昼間は、木に設置した状態の巣箱の点検をしているとき、モモンガが巣箱から飛び出して離れた木に飛翔していったのだ）。そして、とにもかくにもニホンモモンガを間近で見て、（日本語で）「かわいいー」を連発しておられた。

さて、約二カ月先には「ダーウィンが来た！」で、芦津のモモンガが放送されるだろう。そうしたら、ここには書けなかった

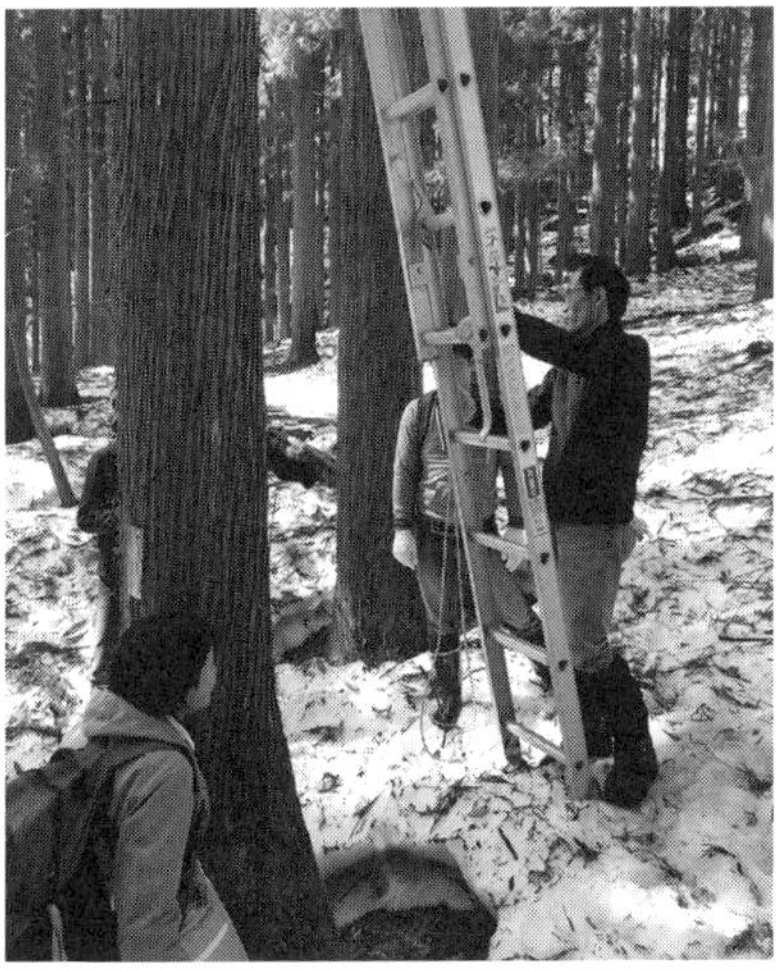

「ダーウィンが来た！」の撮影の様子。番組づくりの大変さ、プロの精神、勉強になりました

けど、少しの期間だけ撮影にかかわってくれた、三月に卒業していったゼミ生のことも懐かしく思い出すだろう。

そして、そのときにはもう、次の仕事に向けて走り出しているだろうＯｋさんやＴｋさんのことも懐かしく思い出すだろう。

いや、番組づくりの大変さ、プロの精神、勉強になりました。
※ＮＨＫのホームページhttp://cgi2.nhk.or.jp/darwin/articles/detail.cgi?p=p523に、「ダーウィンが来た！第五二三回『スギが大好き！ニホンモモンガ』」の番組づくりの様子がアップされています。よかったら見てください。

暑さにふらつく鳥、寒さによろめく鳥

私の研究室でしばし体を休め、
自然界に旅立っていった小鳥たち

七月の中旬の午後だった。

その日は、数日前から猛暑が続く、**とてもとても暑い日だった。**

そんななか、大学の実験研究棟のそばのレンガの上で、**目を閉じて立ちつくしているメジロ**がいたのだ(下の写真)。

学生から知らせを受けた私はすぐその場へ行った。まず離れた位置から様子をうかがい、これは保護すべきだと判断しゆっくりと近づいていった。メジロは私が近づいてもまったく動こうとせず、私の愛にあふれた手のなかにいだかれたのだった。

次ページの写真は、その後、私の的確な対処によって元気を取りもどし、私を**「ありがとー、先生!」**という感謝と尊敬とが入りまじったみたいな目で見つめている、そのメジロである。

猛暑が続いたある日、大学の実験研究棟のそばのレンガの上で目を閉じて立ちつくしているメジロがいた

私の深い診断は、**「これは鳥の熱中症だ」**という、きわめてシンプルで的をついたものだった。そして治療法は「水を飲ませて頭に水をかけてやる」だった。

ちなみに、読者のみなさんは、メジロのような鳥の体温をご存じだろうか？

ダチョウのような走るだけの（飛ばない）鳥は別にして、一般的な**鳥の体温は、平熱で四〇～四二度**くらいであることが知られている。ヒトと比べてかなり高い。その理由は次のように考えられている。

鳥が飛翔するためには空気の抵抗のなかで、翼を強く動かさなければならない。そのためには筋肉を構成する細胞「筋細胞」内で素早い化学反応が起こり、エネルギーの生成や、それを消費してタンパク質の移動や構造変化が起きなければならない。一方、一般的に

私の適切な対処で元気を取りもどし、私を感謝と尊敬が入りまじった目で見つめるメジロ

化学反応は温度が高いほど速いことがわかっている。

つまり、鳥の場合、体温を高く保つことによって**迅速な化学反応を可能にし、いつでも飛翔できる**ようにしている、というわけである。

蛾が飛び立つときに、最初は、翅をぶるぶる震わせるのをご覧になったことはあるだろうか。あれは震わせることによって、飛翔筋の部分の温度を上げているのである。洞窟の天井にぶら下がっているコウモリも、飛翔するときはまず翼を小刻みに震わす。


なんか授業モードになってきたので、もう一つだけ生物の勉強をしておこう。

先ほど「一般的に化学反応は温度が高いほど速い」と書いた。確かに温度が高いと、物質がより多くの熱エネルギーによって変化しやすい状態になり、反応も起こりやすい。

ただし、生命の世界は、無生物の世界とはまたちょっと違った姿を見せてくれる。そこには〝進化的適応〟と呼ぶべき因果関係が働くからである。

先にお話しした、生命活動の一部としての化学反応の場合を例にとろう。

化学反応にはたいてい、タンパク質からできた「酵素」が触媒（化学反応を促進するもの）として働いている。その酵素は、いくつもの原子が連なってできており（これを分子という）、それぞれの生物が、各自に特有な生息環境のなかで、生きて繁殖するのに有利になるような性質をもっている。

たとえばヒト（ホモ・サピエンス）は体温を三七度くらいに保って生きている生物であり、したがってヒトの体内の酵素は三七度くらいで最もよく働く構造になっている。そんなヒトの体内の酵素を四〇度より高い温度環境におくと、酵素は構造が崩れ（そういう現象を変性という。勉強になるねー）、やがて触媒としての働きを失う。

一方、京都大学野生動物研究センター教授の幸島《こうしま》司郎さんが若かったころ直接お聞きした次のような話もある。

冬期の北アルプスで発見したセッケイカワゲラ（体長八ミリ程度の黒色の昆虫）は、気温が〇～マイナス一〇度くらいの雪上で活発に動いていた。ところが、**手のひらにのせると、なんと痙攣《けいれん》して死んでしまった**、というのだ。

つまり、セッケイカワゲラの体内の酵素は、化学的な知見ではちょっと信じられないような、〇～マイナス一〇度くらいで最も早く反応するような分子構造になっており、人の体温はあまりにも熱すぎて酵素タンパクが変性してしまうと考えられるのだ。セッケイカワゲラにとって、彼らの体内の酵素は、その生息環境のなかで生きていくのに有利な構造になっているのである。

ちなみに幸島さんはその後、ヒマラヤの氷河でも昆虫（新種）を見つけられ、極寒の氷河の世界にも、植物（藻類）や動物を中心とした生態系が存在していることを明らかにされた。

さて、メジロの話である。

毎日、ブログ（目下、文章が短くなってツイッターのようになっているが）の話題に苦労していた私は、さっそく、メジロをネタにして次のような文章を、写真入りで書いた。

「今日、熱中症でもうろうとして動けなくなっていたメジロを助けた。セオリーどおり、水を飲ませて頭に水をかけてやったら元気になって飛んでいきました。**お礼も言わず。近ごろのメジロは！**」

ちなみに、ツイッターの投稿では、「いいね」が七五、「リツイート」が五六あった。

私の愛に満ちた行動と、相手が鳥とはいえ、問題点は問題点としてしっかりとらえた部分（お礼についての苦言）が評価されたのだと感謝している。

ただし、そういったところも十分にわかってのことだと思うが、フォロワーのお一人から次のようなコメントがあった。

「昔のメジロも！」

確かに、鳥が、助けられてお礼を言って飛んでいった、という話は今も昔も聞いたことがない。**「確かに！」**と返信しておいた。

話が飛んでいったが、いずれにしろ生物たちには気温というのは、生存・繁殖にとってとても重要な環境要因なのだ。特に体温を一定に保つという戦略をとっている恒温動物には。

鳥にとって、過酷な暑さが大敵なら、**過酷な寒さもそれに勝るとも劣らない大敵である。**暑いときは木陰や森のなかに身をおいたり、水を浴びたりできるが、寒いときは逃げ場はないからである（メジロが火を焚いて暖をとっていた、とか、温泉に入っていた、などという話は聞いたことがない）。少なくとも渡りをしない鳥には。

二〇一七年の鳥取県の冬は、観測史上最大の積雪と言われるほどの大雪だった。

鳥取環境大学のキャンパスも、一面の深い雪に覆われ、木々の枝にも雪は容赦なく降り積もった。大学の授業もまだ始まっていない一月のはじめ。

で、鳥は？

研究室に向かってキャンパス内を進む私の目に、一瞬、**心が締めつけられるような光景**が入ってきた。

大学本部棟の東側に沿う回廊状の通路から外を見ると、回廊にもたれかかるようにのびているフジの蔓にジョウビタキが、寒さをじっと耐え忍ぶようにとまっていたのだ。

目いっぱいふくらんだ体は、羽毛をできるだけ立て皮膚と外気の間に断熱層をつくり、体の熱が外気に奪われるのをできるだけ防ごうとするけなげな行為を物語っている。

回廊から外へ少しだけつき出ている軒を

2017年1月、鳥取県は観測史上最大の積雪と言われるほどの大雪だった。キャンパスも一面、深い雪に覆われ、木々の枝にも雪は容赦なく降り積もった

頼ってジョウビタキはやって来たのだ。

そんな懸命な**ジョウビタキをめがけて雪はなおも降りつづく。**

そんな姿に出合った私が、足を止め、生き物としての大きな共感と励ましの気持ちを感じないわけはない。いろんな思いを心にわき立たせながら、回廊を歩きつづけた。


寒く、時々雪が降る日々は過ぎ、一月も終わりに近づいたある日のことだった。

学生たちが研究室にやって来た。

「スズメのような鳥が、メディアセンターの渡り廊下の窓ガラスにあたって落ちてきました。そのまま横たわって動きません」

この寒さのなか、前方への注意が散漫に

そんななか、大学の回廊状の通路にそってのびているフジの蔓で、ジョウビタキが目いっぱい体をふくらませて、じっとしていた

なり、窓ガラスに衝突したのかもしれない。

急いで現場に行くと、スズメより一まわり大きい鳥が雪のなかに落ちていて、学生たちがまわりを囲んでいた。

私は、鳥を手のひらに置き、状態を調べた。

外傷はまったく見あたらなかった。やがて、目が少しだけ動いた。これは回復の可能性がある、と私は思った。

脳震盪《のうしんとう》の可能性が高いことを伝え、**「私がなんとかしてみよう」**と言って研究室に連れて帰った。

ゼミ生のMmくんが卒業研究で使っていた、オカヤドカリの飼育容器の下に敷いていたパネルヒーター（オカヤドカリは本来亜熱帯に生息する動物なので、秋から春にかけては飼育容器を温めてやらなければならないのだ）を、ちょっと貸してもらった。

底にティッシュペーパーを敷きつめたプラスチック容器に鳥を入れ、それをパネルヒーターの上にのせた。最後に蓋をして、上からタオルをかぶせ、容器内を暗くした。**あとは待つしかない。**

私は机にもどり、途中だった仕事を再開した。

ちなみに、鳥の種類だが、〝現場〟では学生たちに「イカルかなー」と言ったが、調べてみたらシメだった。**そうだ、シメだ。**なんで思い出せなかったのだろう。こんなとき、歳を感じるっていうの………。いずれにしろ、**私だって間違うことはある**のだ。

一時間ほどたったころだろうか。容器のなかで何かが容器の壁面にあたるような音が聞こえた。私は大きな期待を胸に、席を立ち、静かにタオルと蓋を持ち上げ、なかを見てみた。

シメが顔をこちらに向け、**鋭い目で私を見た。**

体は少しは動かせるようだが、足で立つことはできないのだろう。横たわったままだった。

私は、とりあえず水を飲ませてみることにした。

保護したシメ。1時間ほどたったころ、そっとタオルと蓋を持ち上げ見てみると、シメは顔をこちらに向け、鋭い目で私を見た

体を手で握って、スポイトで嘴《くちばし》に水を流してみた。シメは小さく口を開け、しっかりと水を飲んだ。**よしよし**、という思い。

それを確認して再びタオルをかぶせ、デスクワークにもどった。**ゆっくり、ゆっくり、だ。**

それからまた数時間後、今度は一度目より大きな音が容器から聞こえてきた。

タオルと蓋を取って調べてみると、シメは容器のなかで、立っていた！　**シメた！**である。

そして次の瞬間、シメは容器から飛び立った。

あー、もう飛べるようになったのか、と思い私は喜んだ。でも、そのあと羽ばたきは力を失い、床に不時着してしまった。まだ脳震盪から十分回復していないか、体力が不足しているのだろう。寒さのなか餌もなかなか見つからず、かなり体力を消耗していたのかもしれない。

脳のさらなる回復を待ちつつ、同時に体力をつけてやらなければならない。これは**ちょっと長丁場になるかもしれない。**そう思いながら、入れ物を、小鳥用の飼育ケージに変えたのだった。

さて、**シメに何を与えるか？**

少し考えて私は、**ホモ・サピエンスの母乳を選んだ。**

理由？

直感と、それが机の上にあったから。

もちろん出産されたホモ・サピエンスのお母さんから直接いただいた乳ではなく、薬局で売られている人間の赤ちゃん用の粉ミルクである。

それまでの経験で、研究用のコウモリの餌としてすぐれていることがわかっていた。だったら、小鳥にもいいんじゃあないかな……。このなんという非科学的、というか、いい加減な発想。

でも！である。

その鳥は、寒い自然界でもやっていけそうなくらい体力が回復するまでは、私が体力をつけてあげなければならない。しばらく一緒に過ごすのであれば呼び名も必要だろう。だから**名前もつけてやった。「オシメ」**だ。だったら、オシメと赤ちゃんが飲む母乳という組み合わせは悪くはないではないか。

実際、私がスポイトで嘴につけてやると美味しそうに（多分）、飲んだ。自分から口を開けることもあった。栄養満点の母乳だ。体力回復によいにちがいない。

そうこうしているうちに、オシメはだんだん大胆になり、私にも慣れてきた（危険な存在ではないことを学習したのであろう)。飛翔力にも配慮して、時々、ケージから出してやった。研究室のテーブルに着地したり、机に着地したり、椅子に着地したり(それでもってすべって床に落ちたり……)。でも持続的に飛びつづけることはできなかった。

少々困ったのは、**場所を選ばず糞・尿をする**ことだ。ほんとうの**オシメをつけてやろうか、**と思ったくらいだ。

数日後には、餌として母乳に加え、市販のすり餌やミールワームも与えはじめた。喜んで(多分)食べた。

夜はケージに入れ、毛布をかけて研究室に置いて帰った。

朝、私が出勤して毛布をとってやると、**「早く外に出せ」**とばかりにケージのなかを飛びまわった。

しばらく仕事をして一段落すると、お望みどおりケージから出してやった。飛ぶ力も増していき、勢いがあるものだから、テーブルや机の上の物を倒しながらひとしきり飛びまわると、ケージの上や椅子の上にとまって休息した。

それから、私が網で捕獲し、母乳やミールワームなどを与え、ケージにもどした。

そんなことがまた数日間続いた。

一度、**命が危ない場面もあった。**

研究室のドアのそばにあったバケツに、たまたま、掃除に使った水が残っていた。その**バケツのなかにオシメが落ちた**のだ。どんなふうにして落ちたのかはわからない。

私はドアとは反対側の机に向かって仕事をしていた。背後から**バシャバシャ**という音が聞こえてきて、ふり返ると、音はバケツからであることがわかった。

もちろん、私は即座にすべてを理解し、大急ぎでバケツに向かった。

バケツのなかでオシメは濡れていた（オシメは濡れていた？　変な名前をつけたものだ）。

そのオシメをつかみ上げ、**「怖かったね。もう大丈夫だよ」**とタオルで拭いてやったのだ。

時々、ケージから出してやった。だんだん飛ぶ力も増していき、ひとしきり飛びまわると、ケージや椅子の上にとまって休息した

さて、やがてオシメとお別れする日がやって来た（普通のパンツがはけるようになった、ということではない。オシメが、もう十分な飛翔力を回復したということである）。

バケツの水のなかで、文字どおり、命がけで翼を動かすものすごくハードな運動をしたことが、オシメの野生の力を呼び覚ましたのかもしれない。

ケージの外へ出してやると、楽々と部屋中を飛びまわり、つかまえることも難しくなってきた。

保護してから一〇日ほどが過ぎていた。

その日の朝は少し暖かかった。快晴だった。

オシメが落ちていたメディアセンターの渡り廊下の前に広がる、まだ雪に覆われた石段の斜

いよいよお別れする日がやって来た。少し暖かい快晴の日だった。雪に覆われた石段の斜面に向けて、オシメを放った

面に向けて私はオシメを放った。

「さあ、いけ！」

オシメは、開けた雪原を、V字を描きながら力強く飛びぬき、メディアセンターを越えて後方の森のほうへ消えていった。

あたりには誰もいない。シーンとした空気が気持ちよかった。**でも寂しかった。**

こちらを一度もふり返ることなく行ってしまったけど、**礼はないのかよー、お礼は、………とは思わなかった。**

それよりも、最後にもう少しミルクを飲ませてやればよかった、みたいな気持ちがわいてきた。

これから、雪の森のなかで、オシメの懸命の日々が始まるのだ。

ヤギは糞や唾液のニオイがついた餌は食べない！

いや、じつに動物行動学的な現象だ

読者のみなさん、まずは、次のような場面を思い浮かべていただきたい。

目の前の机の上に透明なガラスのコップがある。そのなかには、さっきあなたが口からできるだけたくさん吐き出した唾液が入っている。五センチくらいの高さまでたまっている。表面あたりには唾液の表面張力でできた泡が見えるかもしれない。

さて、そんなとき、**「自分の唾液を飲んでください」**と言われたら、あなたはどうするだろうか。どう思うだろうか。

結論から言うと、**「いや」でしょ、**飲むのは。

口のなかにあったときには何も感じなかったのに！

ちなみに、仮に、いっさい唾液は見ないように、目をつむってコップに吐き出し、それをテーブルの上に置いたとして、そのうえで、目をつむったままでいいから「今吐き出した自分の唾液を飲んでください」と言われたらどうだろうか。

そのときもやはり、飲むのは嫌だと思われるのではないだろうか。つまり、唾液の見た目が、飲むのをためらわせるのではないということだ（つまり、見た目が汚そうだから、といった理由ではないのだ)。そして、じつは、この現象のなかには、動物行動学が基盤とする生物の進化的適応という原理が含まれているのだ。いや、**じつに動物行動学的な現象**なのだ。

ところで、私は以前、複数のヤギ部の部員たちから、「ヤギたちは自分が口に入れて引きちぎった葉の残り（おそらくヤギたちの唾液がついているだろう）は食べたがらない」とか、「ヤギたちは、地面に落ちている餌は食べたがらない（ヤギたちの糞も地面に落ちている）」という話を聞いた。そして**大変感動した。**

感動した理由の一つは、「さすがに毎日ヤギたちの世話をしている部員たちは、よく観察しているなー」という思い。

そして、もう一つの理由は、先にお話しした「ヒトは口から外に出た唾液を、再び口に入れるのを嫌がる」という現象が、**ヤギでも見られるのかー！**という思いだ。

では、なぜこれらの現象が動物行動学的なのか？

簡単に説明しよう。

〝学者〞のなかには、**ヒトが、ヒトの糞（便）を、「くさい、汚い」と感じる**（ようになる）理由を次のように説明される方がおられる。

周囲の大人がみんな「汚いからさわってはダメ」と言い、それを聞いて育つから自分も、ヒトの糞を、「くさい、汚い」と感じる（ようになる）、と。

つまり、一種の、学習された文化のようなものだと。

でも、**よく考えてみよう。**ほんとうにそうだろうか？

たとえば、クロロフォルム（甘い香りがする）を、「死につながる不整脈を引き起こすこ

ヤギたちは、地面に落ちている餌は食べたがらない？　地面に落ちている粒はヤギの糞である

ともある劇薬だ」という言葉を完全に学習（理解）したとしても、クロロフォルムのニオイに、糞のニオイを嗅いだときのような〝くささ〟を感じるだろうか。それはないだろう。

あるいは、次のような話はどうだろう。

もし、仮に、ヒトの糞（便）に対して「くさい、汚い」と感じることが文化的な学習だとしたら、世界中の人々が、（ニオイにかかわる感覚系、神経系が未発達の幼い幼児をのぞいて）ほぼ例外なく、便を「くさい、汚い」と感じるのはいったいなぜだろうか。

学習によってそうなるのだとしたら、便を「くさい、汚い」とは感じない地域がたくさんあってもよいではないか。

動物行動学はそうは考えない。

動物行動学の根本的な仮説の一つは、「自分の生存・繁殖に有利な結果をもたらすことには〝快〟（美味しい、いい匂いだ、気持ちいい、楽しい……）を感じ、不利な結果をもたらす可能性があるものには〝不快〟（不味い、くさい、痛い、怖い……）を感じる」というものだ。

つまり、脳が（さらにたどれば脳の内部構造の設計図である〝遺伝子〟が）、「快」「不快」といった感情をとおして、そのヒトが、**生存・繁殖に有利な行動を行なうように誘導**している、というわけである。

ちなみに、これは人だけではなく、ヒト以外の動物についても言えることだ。こういう仕組みがあるからこそ、それぞれの動物は、子どもを残し、世代をつなぎ、現在も地球上に生き残っているのだ。

そして便だ。

便のなかには、たいてい多くの、ヒトに有害な病原体が含まれている。O157（大腸菌）やサルモネラ菌などがそれである。

だから、少なくとも、活動範囲や行動がほぼ親の注意下にある幼児期はのぞいて、自分である程度自由に行動するまでに成長したころからは、便（また便のニオイ）に対して、不快（くさい、汚い）と感じ、それとの接触を避けるほうが生存・繁殖に有利なのである。

結論から言えば、動物行動学は、「便に対する不快感は、基本的には、周囲の人の言動によって学習していくものではなく、本能として発達していくものだ」と考えるのだ。

唾液についても同じだ。

たいていの場合、ヒトがいったん口に入れたものを吐き出すことは、嘔吐（胃の内容物を吐き出す）をはじめとして、体にとって有害な物質を胃や口のなかのセンサーが感知したときに起こる現象だ（それ自体は、有害な物質やそれを生産する病原体を体外に排出する重要な反応である）。

私は、生存・繁殖への有利さという点から考えて、そういった他人（や自分）の口から吐き出された嘔吐物などに対して「汚い」と感じることは、基本的には**脳にプログラムされた本能**だと考えている。そういった性質をもった個体のほうが生き残りやすかったということである。

そのプログラムが唾液に対しても働くのではないか、というのが私の仮説である。

少し脱線するが、唾液についていえば、少なくとも私が知っている多くの国で、相手の顔に唾液を吐きかける行為が相手に対する最大級の侮辱と認識されているのも偶然ではないと思う。なにせ、有害物質や病原体を含んでいる可能性が高いものを相手の顔にかけるのだから。

さて、**ヤギの話だ。**

部員の学生諸君から聞いた話、「ヤギたちは自分が口に入れて引きちぎった葉の残りは食べたがらない」とか、「ヤギたちは、地面に落ちている餌は食べたがらない」に**感動した私が、次にやったこと。**

それは、学生たちの話を自分自身で確認する、ということである。

時間的には前後するが、**まずは唾液のほうから。**

コップに唾液を吐かせ、「ほれ、これを飲んでみー」、というわけにもいかないので（アタリマエジャ）、ヤギ（クルミ）に彼女が大好きなクズの葉を与え、食べている途中で、強引に口のなかに入っている部分もいっしょに葉を口から奪った。

そうすることによって、半分側は、ヤギの唾液がしっかりついた状態、逆の半分側は唾液はついていない状態の実験提示用の葉（一〇枚くらい重ねて束にしたもの）ができ上がった。

これを、あらためてクルミの顔の前に持っていってやったのだ。

するとどうだろう。クルミは自分の唾液がつ

クルミの唾液で濡れているクズの葉を、クズが大好きなアズキに差し出してみた

いた側の葉の部分は避け、唾液がついていない部分の葉を食べたのだ！

これほど明瞭な結果が出るとは。**やったね、**という気持ちである。

そして実験は続く。

クルミの唾液で濡れているクズの葉を、これまた**クズが大好きなアズキの顔の前に差し出して**みたのだ。

するとどうだろう。アズキは、待ってましたとばかりに、クズの葉に口を近づけ、その直後、鼻でニオイを嗅ぐような動作をして、**プイッとクズから顔をそむけた**のだ。

もちろん、そのあと、誰の唾液もついていないクズの葉をアズキの顔の前に出してやり、ア

すると、クズの葉に鼻を近づけ、ニオイを嗅ぐような動作をして、プイッとクズから顔をそむけた

ズキが、まったく躊躇せず、美味しそうにそれを食べることも確認した。

これもまた私自身が驚くほど明瞭な結果だった。

まず間違いない。

ヤギは自分たちの唾液（に含まれるなんらか）のニオイを嫌うのだ。


次は糞だ。

私は、二つのバットに、それぞれ一つかみのキャベツの葉を入れ、一方のバットにはキャベツのまわりを囲むように、ヤギの糞を置いた。

そして、二つのバットを並べてメイの前に置いてみたのだった。「さあ、美味しい、なかなか食べられないキャベツだよ」と言って。

結果は明白だった。メイはまわりに糞があるキャベツはまったく食べなかった（ニオイは嗅いだけれども）。一方、糞がないほうのバットのなかのキャベツはすごい勢いで平らげてしまった。

その後、別なヤギ（コムギやキナコ）でもやってみたが、**結果は同じ**だった。

糞の量を少なくしてやってみたが、最初の量の半分にしてもやはりヤギたちは、程度の差こそれあれ、糞に囲まれたキャベツはほとんど食べなかった（ただし、メイはほかのヤギに比べて、糞に対する忌避反応が少し弱い傾向がみてとれた。それがメイの、ある性質と関係していると私は考えている。それについてはまたあとのお楽しみ、ということで）。

その後、私は、糞や唾液に対する忌避反応についての実験を、卒業研究として、ゼミのＭｔさんにまかせた（もちろんアドバイスはしている）。

まずＭｔさんが行なった実験は、ヤギの糞と見た目が同じ（少なくともヒトには区別できない）塊を紙粘土でつくり、一方のバットにはクズと〝紙粘土ヤギ糞〟、もう一方のバットには

次に糞で実験してみた。2つのバットに一つかみのキャベツの葉を入れ、一方のバットにはキャベツのまわりを囲むようにヤギの糞を置いた

クズと本物のヤギ糞を入れ、ヤギの前に置いた。
その結果、ヤギたちはみな、前者のクズはためらいなく食べつくし、後者のクズはまったく食べなかった。つまり、**ヤギたちは糞からのニオイを嫌がっている**ということなのだ。

その後（これまでのところ）Ｍｔさんは、ヤギ以外の動物の糞として、アナウサギとキクガシラコウモリ（！）の糞で実験している。一応、草食動物の糞と肉食動物の糞だ。結果は、アナウサギの糞は、忌避効果が、ヤギの糞と比べ七〇パーセントくらいといったところ、キクガシラコウモリの糞は一〇〇パーセントといったところだ。

ちなみに、そんな実験をやっていたころ、事情を知っている小林ゼミの学生は、Ｍｔさんが袋を持って歩いていると聞くのだそうだ。

「今度は何の糞？」

糞での実験と同時に、Ｍｔさんは、ヤギたちが糞に忌避反応を示すのは、単に、何か刺激的なニオイがすることが理由であり、特に**糞でなくてもよいのではないか、**という点を確認するために、次のような実験も行なった。

二パーセントのアンモニア水をしみこませたティッシュペーパーをまわりに置いたクズの葉が入っているバットと、クズだけが入っているバットを並べてヤギの前に置く。また、アンモニアのかわりに**醤油**も使ってみる。

結果は、ヤギたちは、アンモニアや醤油のニオイが周囲から漂うクズであっても、どちらもためらうことなく完食した。

もう一つ、アンモニアや醤油のかわりに、**二パーセントの「酪酸《らくさん》」液**を使っての実験も行なった。酪酸は、かなり強いニオイを感じさせる有機物質で、ヤギも含めた反芻《はんすう》草食動物の胃のなかで、細菌がつくり出す物質として知られていた。さらにＭｔさんが見つけた論文によると、ウシ（和牛）は、酪酸がついた植物を食するのを嫌う傾向があるというのだ。

ということは、ヤギの摂食をためらわす糞からのニオイ物質は、酪酸だという可能性があるわけだ。

で、実験結果は？

実験している三個体についてはすべて、半分以上は食べたが、三割がた残して食べるのをやめた。今のところ、「酪酸は、ヤギの摂食を抑制する効果は多少あるが、強くはない」のではないかと、Ｍｔさんは考えている。

まー、いずれにしろ、「ヤギたちが糞に忌避反応を示すのは、単に、何か刺激的なニオイがすることが理由」というわけではないことを、これまでの実験結果は示しているのだ。

ちなみに、糞に対する忌避反応に関しては、「病原体」という観点とは別に、それよりずっと以前から、**「捕食者」という観点**から、逸話も含めていろいろな仮説が考えられてきた。

たとえば、「シカ類草食動物が、ライオンなどの強力な肉食動物の糞を避ける」という現象があることが数十年以上前から言われてきた。

ヨーロッパでは、アカジカが森から出てきて庭の木を食べるのを防ぐため、庭木のまわりに、動物園からもらったライオン（ヨーロッパには生息していないのに）の糞を置き、それが実際に効果があるという報告もある。

アメリカやカナダでは、貴重な植物がシカ類に食べられるのを防ぐ対策として、コヨーテ（別名、草原オオカミ）やピューマ（別名、アメリカライオン）の糞尿がまかれることもあり、日本でも、シカやイノシシの忌避剤としてそれらが販売されている。

でもいずれにしろ、それらの現象によって「ヤギやヒトでは糞は病原体を含むから忌避される」説が影響を受けることはないだろう。むしろ、シカ類が、ライオンの糞を避けるとしたら、それは捕食者の糞だからという理由ではなく、哺乳類の、病原体を含んでいる可能性が高いものだから、という理由かもしれない。

よく考えてみると、そこに**捕食者のニオイ**があったからと言って、防衛のためには、**すぐその場を立ち去らなければならない、ということにはならない**のではないだろうか（たとえば逆にオオカミにとって、獲物であるシカの糞が落ちていたからといって、そこにとどまることが狩りの方法としてよい方法だろうか）。

私は、以前、鳥取県倉吉市の打吹《うつぶき》公園のシカ（ニホンジカ）で実験したことがある（倉吉市在住のゼミ生、Ｗｋくんが手伝ってくれた）。

シカが好きなキャベツを入れた餌皿にシカやヤギの糞を置いて、シカの柵のなかに入れてみたのである。雄ジカと雌ジカでやってみたが両者とも、シカの糞もヤギの糞も、ニオイを嗅いですぐに離れ、その後、近づこうとしなかった。

シカ類は、とにかく哺乳類の糞のニオイがすぐそばからするような場所の餌は食べない、という性質をもっており（摂食によって病原体を取りこまないように）、その性質が発揮されて、ライオンの糞も嫌がったのではないだろうか。

これは内緒だが、私は、ユビナガコウモリの飼育場で、彼らが好んで食べるミールワームが入っている餌容器に、数十匹のミールワームの半分が隠れるくらい、ユビナガコウモリの糞を入れてみたことがある（思いついたらいろいろ試してみたい**少年の心にはブレーキがきかない**のだ）。

どうなったと思います？

ニホンジカでの実験。キャベツを入れた餌皿にシカとヤギの糞をおいて、柵のなかに入れてみた。雄ジカも雌ジカも、ニオイを嗅いですぐに離れ、そばに近づこうとしなかった

コウモリはいっこうに気にせず、いつものようにガジガジとミールワームを食べた!(コウモリに心のなかで「ごめんね」と謝ったのは言うまでもない)

それから、これは**私の記憶だが、イヌは、**少々イヌの糞がついていていようがいまいが、肉はガツガツ食べたような……。

さて、仮に私がここでお話しした、「ヤギは、糞がそばにある、ましてや糞がついた食べ物は食べないが、コウモリとイヌは食べ物に糞がついていてもかまわず食べる」という現象が科学的に安定した事象であるとしたら、**今、思いついたのだが、**私は次のような仮説をご提示した

思いついたら試したい少年の心は止められない……。ユビナガコウモリの餌容器にミールワームが半分隠れるくらい、ユビナガコウモリの糞を入れてみた

い。

コウモリやイヌのような、肉食性で、本来、**餌に糞がつくことなどほとんど起こりえない動物**では、糞のニオイを嫌がる性質を有していない（必要ないから）。一方、**餌が、糞が落ちている地面にある場合が多い、**たとえば、地面に生えている草を食べるウシ・シカ・ヤギ類やウサギ類など（ただしキリンは違う）では、糞のニオイを嫌がる性質を有している（そのほうが生存・繁殖に有利だから）。

ヒト？ ヒトでは、今でこそ先進国ではトイレによって糞は食生活の場所にはほとんど入ってこないだろうが、本来の狩猟採集生活にあっては、居住地のなかやすぐ周辺に出てきて、忌避反応がなければ食にまじってくる可能性があったのではないだろうか。

もちろん、このような仮説以外の仮説もあるだろう。たとえば、糞も気にせず餌を食べる動物は、生理的に、胃や腸内での殺菌作用が強く、糞のニオイを嫌がる動物（ヤギ、シカ、ヒトなど）は殺菌作用が強くない、とか。

でもいずれにせよ、先にお話しした仮説はそれなりに面白いではないか。**なんか、体がうずうずしてきた。**

ところで、話は飛ぶが、読者の方のなかには、「ヤギが（糞の）ニオイによって食べるかどうかを決めている」と聞いて、**ちょっと違和感を覚えた方はいないだろうか。**

その方は、先生！シリーズをしっかり読んでくださっておられる方だ。

違和感を覚えられなかった方は、ま～、………時間はまだありますから。

つまり、こういうことだ。

『先生、シマリスがヘビの頭をかじっています！』のなかで、私は次のようなヤギの認知特性について書いている。

ヤギは、クサガメのニオイを、その体に触れるくらい鼻を近づけて嗅いでも怖がることはなかった。しかし、ヘビに対してはぜんぜん違った。その体のニオイを嗅ぐと、ものすごい勢いで後方へ逃げていった。

この顕著な対ヘビ反応が、ヘビのニオイが原因であることを証明するため、次のようなことを行なった。

ヘビを透明のアクリル板でできている水槽に入れ、ニオイが外にもれないように上面も透明アクリル板でしっかり閉じ、ヤギたちの近くに置く。

その結果、ヤギたちは水槽のなかで動きまわるヘビを見ても特に気にしない。逃げるようなそぶりはまったくない。

一方、ヘビを、目の細かいナイロンメッシュの網袋を三つ重ね、空気はまったく自由に出入りするが、なかに入っているものはよく見えない、という状態の三重網袋に入れて、ヤギたちの近くへ置いておく。すると、網袋に近づいてきたヤギたちが**「おっ、これは何だ?」**みたいな感じで袋に鼻を近づけ、**次の瞬間………!**　ヤギは後方へ飛びのき、ヤギによっては数十メートルダッシュで逃げ去る。明らかにヘビのニオイに反応したのだ。

しかし話はここで終わらない。

今度は〝ヘビ〟を〝木の葉〟にして、同様なことをやってみる。木の葉を入れて密閉した透明水槽と、木の葉を入れた目の小さい(したがってなかに入っているものはよく見えない)金網の箱を並べて、ヤギから少し離れた場所に置いたのである。するとヤギたちはどうしたか。

全員、木の葉を入れて密閉した透明水槽のほうへ近寄り、水槽表面に鼻をつけて押すような動作を行なったのだ。つまり、彼らが好きな木の葉を、視覚で認知していたのだ。

まー、『先生、シマリスがヘビの頭をかじっています！』には、この実験のほんのさわりについて書いたのだ。

そこで、本章の話だ。

本章の話では、「ヤギは餌を食べるときニオイに敏感で、糞や唾液のニオイが漂う葉は食べない」ということだった。**矛盾するではないか。**

そう思われた方がいたとしたら、その方は（ヤギの？）研究者に向いている。

そして、そういう方に「矛盾するじゃないの」と言われたら私はこう答える。

いや、これらの結果は矛盾しないのだ。というのは、………動物が餌を見つけて近寄っていって口をつけて食べるときは、ヤギにかぎらず、段階を踏んで目的を達する。たとえば、まずは視覚で餌を発見し、接するくらい近づいたらニオイで食べられるかどうかを判断し、もしOKならば食べる………といったように。

ヤギの場合について考えてみよう。現在のヤギによく似た性質をもっていたヤギ祖先種は、自然な状態では乾燥した岩場に生息していたと推察される。ヤギの動き方や脚・爪などの構造が岩場に適応してるからだ。そして、そういったところでは、彼らの餌となる植物（たいていは緑色）は岩場にまばらに生えていたと予想される。乾燥した岩場では、植物が平地一面を覆っているとは考えられない。したがって、ヤギ祖先種はまずは離れたところから視覚でそれらの緑色の植物を見つけ、そこへ近づいていかなければならなかっただろう（植物の体から発散したニオイ物質は、乾燥して開けた場所では遠くまでは飛んではいかない）。

そして植物のすぐそばまで近づいたら、そこからは活発に嗅覚を利用したと考えられる。もちろん現在のヤギも祖先種も嗅覚は、ほかの哺乳類と同様に発達していたと思われる。

鼻を近づけてニオイを嗅いだら……そこではじめて糞のニオイなどを認知するのだ。

つまり、「ヤギは植物を視覚で認知する」は、植物の間近まで接近する段階、「糞のニオイがしたら食べない」は、間近まで近づいてからの段階、というわけなのだ。

さて、ヤギたちと糞や唾液をめぐる話は以上である。

でも最後に、先ほどお話しした、「ただし、**メイはほかのヤギに比べて、糞に対する忌避反応が少し弱い**傾向がみてとれた。それがメイの、ある性質と関係していると私は考えている。それについてはまたあとのお楽しみ、ということで」という一文の約束を守らなければならない。

まー、自分で言うのもなんだが、私という人間は、忘れてしまうことは別として（それが問題じゃろが！）、**約束したことは守りぬく、**………そういったためだたないところで大切な信念を貫く人間なのだ。いや、ここだけの話だが。

Ｍｔさんとの実験によって、メイは、そばに糞があってもちょこっと植物を食べてしまう傾向がある（ただし、そばに糞がないキャベツに比べれば抑制がかかることは確かだ）ことがわかった。

一方、以前、ヤギ部のヤギたちについて、体内（消化器官内）の寄生虫を調べてもらったところ、メイはほかのヤギに比べ寄生虫を、種類・量ともにたくさんもっていたのだ。その結果を受けて私は寄生虫を減少させる薬を保健所から購入し、投与しているのだが、ふと思うのである。

メイに寄生虫が多いのは、「メイはほかのヤギに比べて、糞に対する忌避反応が少し弱い傾向がみてとれた」ことと関係があるのかもしれない、と。つまり、糞のついた地面の餌も食べてしまうことが多いからではないか、と。

さらに、**想像は広がっていく。**

（寄生虫が多く含まれている）メイの糞はほかのヤギの糞よりも、ヤギたちにより強く忌避されるのではないだろうか、とか。寄生虫もヤギと同様に、自分の子どもをより多く残そうとする、すべての生物に共通した性質をもっているはずだ。だとすれば、ヤギの脳に作用して、ヤギが糞を食べる行動を促す物質を、生産しているかもしれない。メイはその作用を、ほかのヤギたちより強く受けているのかもしれない、とか。

ちなみに、カマキリの体内にいるハリガネムシは、秋になるとカマキリの脳に作用する物質を生産し、カマキリを水中に入らせて肛門から水中に脱出し、異性と出合っ

メイに寄生虫が多いのは、メイがほかのヤギに比べて、糞に対する忌避反応が少し弱い傾向があることと関係があるのかもしれない。メイちゃん、糞がついた餌は食べちゃダメだよ

て子どもを残す、という戦略をもつ。こういう戦略は、動物行動学と関連した「寄生生物学」として、現在、ヒトも含めた動物でさかんに研究されており、メイの腸内の寄生虫がそんな性質を有していてもまったく不思議ではない。

メイちゃん、糞がついた餌は食べちゃダメだよ。

私は心のなかでメイに語りかけるのだった。

ニホンモモンガの体毛に生息するノミに魅せられて

「蚤の心臓」という言葉があるが、
モモンガノミの心臓はたいそう立派なのだ

読者の方は、ニホンモモンガの体の毛に棲みついて暮らしているノミをじっくりとご覧になったことはおありだろうか？

私は、ある！

ニホンモモンガの生息地に巣箱をかけて、彼らの生活について調べている私は、彼らの体長を測ったり、臀部《でんぶ》皮下にマイクロチップを入れたり、遺伝子分析のために毛を抜いたりする作業のなかで、**モモンガの体毛から出てきたノミ**に出合うことがある。

一緒に調査をすることがある学生たちはまず気づかない。でも私くらいの生物学者になると、その存在をしっかりととらえ、**彼らの生活にしばし思いを馳せる**のだ。

「イヌやネコのノミより**体が細長いよなー**。なぜなんだろう？」とか、

「跳ねないよなー、**後ろ足があまり長くないね**、なぜなんだろう？」とか、

「ニホンモモンガが絶滅危惧種なら、この〝モモンガノミ〟も絶滅危惧種ということなのだろうか」

……そんなことも含めていろいろ思うのだ（もちろん私くらいの研究者になると、もっと学術的に難しいことも考えるのだが長くなるのでこのへんで）。

ところで、ニホンモモンガに寄生するノミについての学術的な報告としては、古いところでは（とはいっても、それ以後の報告は見つかっていないのだ）、一九五七年に、当時、大阪大学におられた阪口浩平氏の論文がある。阪口氏はニホンモモンガが生息する全国の森を調査され、三種のノミを採取しておられる。*Hystrichopsylla microti*と*Rhadinopsylla japonica*、そして*Monopsyllus argus*だ。

ちなみに〝モモンガノミ〟は正式な呼び方ではない。まだ正式な和名はつけられていないので私が親しみもこめてそう呼んでいるのだ。

あるとき私は調査中に、このモモンガノミがモモンガの体毛から出てきて私の手の上をチョコマカチョコマカ歩くのを見ていて、親しみと、科学的な好奇心を駆り立てられ、**研究室で観察がてら飼ってみたくなった。**

もちろん、みなさんは、飼うったって餌はどうするの？〝血〟はどうするの？と思われるかもしれない。でも、私くらいの研究者になると知っていたのだ。哺乳類に寄生するノミが**餌なしで結構生きる**ことを。ある程度飼って、次の調査のときにまた連れてくればよいではないか、あるいは大学の野外ケージで飼育しているモモンガたちに（申し訳ないけど）寄生させていただいたらいいではないか、と思ったのだ。

正直、心がうきうきした。

どんな動物でも（大きいミミズは別にして）、身近な場所に新しい動物が加わるということはうれしいことだ。

大きめのノミを四匹、大学に連れ帰り、モモンガの背中から少しだけちょうだいした体毛と、リンゲル液（体液中の細胞外液に近い組成の溶液）をひたしたティッシュペーパーを、プラスチックケースのなかに入れて、モモンガノミを放した。

ノミは、飼育容器のなかで、モモンガの体毛にもぐりこみ、**毛の間を縫うように動きまわり、**時々じっと静止し……。やはり皮下の血管中の血をねらっているのだろうか（でも残念ながら飼育容器のなかの毛の下には皮膚はないの

ニホンモモンガの調査をしていると、体毛のなかから出てきたノミに出合うことがある

だ)。

長細く扁平な身体がモモンガの体毛のなかを進むその様子は、あたかも、大海の波間を泳いでいくイルカのように見えた、と言ったら**少しおおげさか。**でもイルカの身体が海のなかで、しなやかに波を切り裂いて進むように、モモンガノミの体も体毛の隙間をしなやかに泳いでいくのだ。どちらも、**「環境に適応した体形と動き」**だ!

ところで、**顕微鏡でこのノミを見て驚いた**ことがあった。

それは、**「心臓」**である(次ページのノミの写真をよく見ていただきたい)。

長さが体長の半分以上あり、トクッ、トクッ

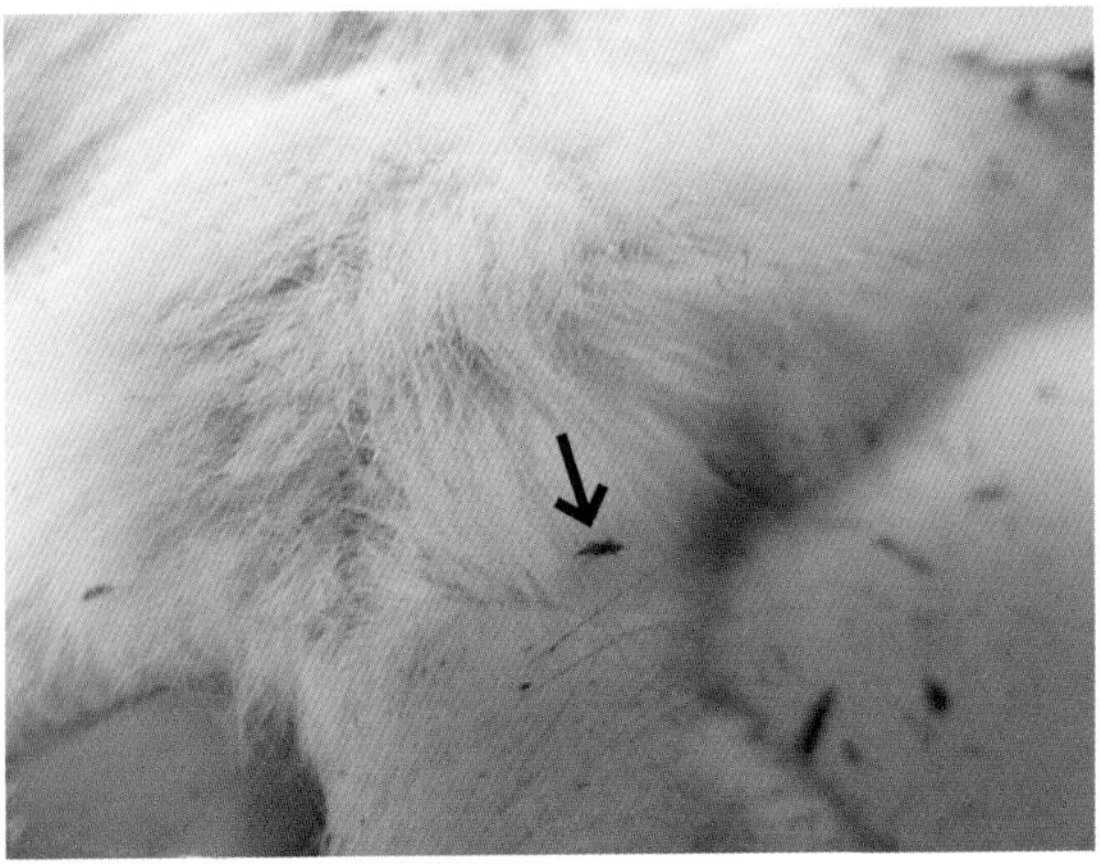

ニホンモモンガの腹側の体毛に潜むノミ(矢印の先)

とダイナミックに波打っているではないか。誰だ、「蚤の心臓」などと言った人物は。ヒトで言えば、喉のあたりから尻のあたりまでくらいの心臓ということになる（もしそんな心臓を私がもっていたら、いったい肝臓はどこへ行けばよいのだろうか）。

さて、ここから話は、**動物行動学的に大変貴重な**（私はそう思うのだが）現象へと入っていく。

阪口氏の論文に書かれていた特性と、頭部などの顕微鏡写真から、私が連れ帰ったノミは四匹とも*Monopsyllus argus*だと考えられた。そして、阪口氏によれば、*Monopsyllus argus*はニホンモモンガとムササビに限定的に寄生する種で

ニホンモモンガの体毛に生息する“モモンガノミ”。“モモンガノミ”の心臓（体のなかに見える細長く黒いもの）は、体長の半分くらいの長さがあり、トクッ、トクッと動いていた

あるということだった。

そうなると、以下のような学術的な知見がちらついてくる。

ニホンモモンガは本来、折れた枝の断面から雨水がしみこんで木部を腐らせたり、あるいは、キツツキが繁殖のために掘ったりしてできた「樹洞」を巣として利用する（私が樹木に登り、巣箱を取りつけるということは、この樹洞を準備しているということなのだ）。樹洞のなかにはモモンガがスギ（スギがまったくない場所ではそれに似た針葉樹）の樹皮を、細く細く裂いて、巣材として敷く。

ただし、モモンガは生涯、同じ樹洞を巣として使うわけではなく、結構、頻繁に棲みかを変える。

一方、巣として樹洞を利用する動物はモモンガだけではなく、ヒメネズミやヤマネやニホンリスといった小型哺乳類もいる。したがって、モモンガがいた巣に、これらのほかの種類の動物が入ってきて利用することも当然ある。次ページの写真は、モモンガの巣材の上に、ヒメネズミの巣材が乗っている状態を撮ったものだ。

これは巣箱のなかにこのままの状態で入っていたのだが、つまり、モモンガが使った巣箱を、その後、ヒメネズミが使ったことを示している（さらに、ヒメネズミが使ったあと、またモモンガが入ってきて新しいスギの樹皮繊維を敷いて使うこともよくある）。

そうすると、たとえばこんな場面も起こりうるわけだ。

モモンガノミ（彼らはモモンガの体から出て一時的に巣材のほうへ移ることもある）が巣材のほうへ出ているとき、モモンガがどこかへ行き、そこへヒメネズミやヤマネなどが入ってくる。そんなとき、もし、モモンガノミが**「そろそろモモンガの体毛に帰ろうか」**……みたいな感じで〝体〟にもどろうとしたら、いつのまにかそこには別な種類の動物がいた！

生物学的に考えて、じつはこのような状況は、モモンガノミにとって**とても困ったこと**なのだ。

ニホンモモンガの巣材の上にヒメネズミが巣（上の幅広の枯れ葉でできた部分）をつくった状態

というのは、進化の結果として、特定の動物（今回の場合、ニホンモモンガやムササビ）に寄生するようになっている寄生動物（モモンガノミ）では、寄生動物の諸形態（体形や血を吸う口部構造など）は寄生相手独自の体毛や皮膚や血管の特性にうまく合うようにできていると考えられるからである。

たとえば、ユビナガコウモリに寄生するケブカクモバエだ（ここで、「あーっ、ケブカクモバエか」と思われた方は、第一〇巻を読んでくださった方だ。**何それ？と思われた方は、**……これ以上は言わない）。

ケブカクモバエの発達した脚先の爪は、コウモリのなかでも高速で飛翔する特徴を備えたユビナガコウモリに適応した形質だと考えられている。

したがって、もしモモンガノミが、「そろそろモモンガの体毛に帰ろうか」……みたいな感じでモモンガの〝体〟にもどろうとして、別な種類の動物の〝体〟に入ってしまい、その後その動物が巣を出て行ってしまったら……。

モモンガノミが、適応した寄生相手であるモモンガ（あるいはムササビ）に出合える可能性はガクンと下がってしまう。そうなると、**さすがにモモンガノミも命を落とす。**

モモンガノミがそんなことにならないためには、モモンガノミにどんな性質が備わっていたらよいだろうか。

これはケブカクモバエのときと同じだ。

そう、〝適応した寄生相手〟の体を、別な動物の体と区別でき、〝適応した寄生相手〟が再来したときにその体毛に入ればいいわけだ。それが進化理論から想定される仮説だ。

さて、**実験の時が訪れた。**

ケブカクモバエのときと同じやり方だが、新鮮な気持ちでいこう。なにせ、ケブカクモバエの場合は〝ハエ〟であり、モモンガノミは〝ノミ〟だ。寄生相手も、前者は〝コウモリ〟であり、今回は〝モモンガ〟だ。

「進化理論から導き出される仮説が、ノミvsモモンガでも支持されるかどうか？」という重要で、かつ、少なくとも私にとっては**ワクワクする実験**なのだ。

大学で飼育していたモモンガとヒメネズミ（の、いずれも臀部）から、ちょこっと体毛をいただき（ハサミで刈って）、実験容器のなかに並べて置いた。

ここに、採取してきたモモンガノミを一匹ずつ入れて、どちらの体毛にもぐりこむかを調べたのだ。もちろんビデオで記録しながら。シンプルでじつに洗練された方法だ（どこが？と聞いてはいけない）。

で、**結果はどうなったか。**

「モモンガノミはモモンガの体毛のほうばかりにもぐりこんでいったのだろ」と、半ば、鼻で笑うように予想してはいけない。

実験とはそんな、口で言うほど簡単なものではないのだ。

そもそもだ。モモンガノミを見つけて採取することだって結構難しいし、実験容器をどれにするかを決めるのも試行錯誤だ。どれくらいの体毛を、どれくらい離して置くか、も難しい判断なのだ。

まー、ここでお話しするのはこれくらいにしておくが、いろいろと**大変な思考とひらめきが必要**なのだ。そのうえでの実験なのだ。モモン

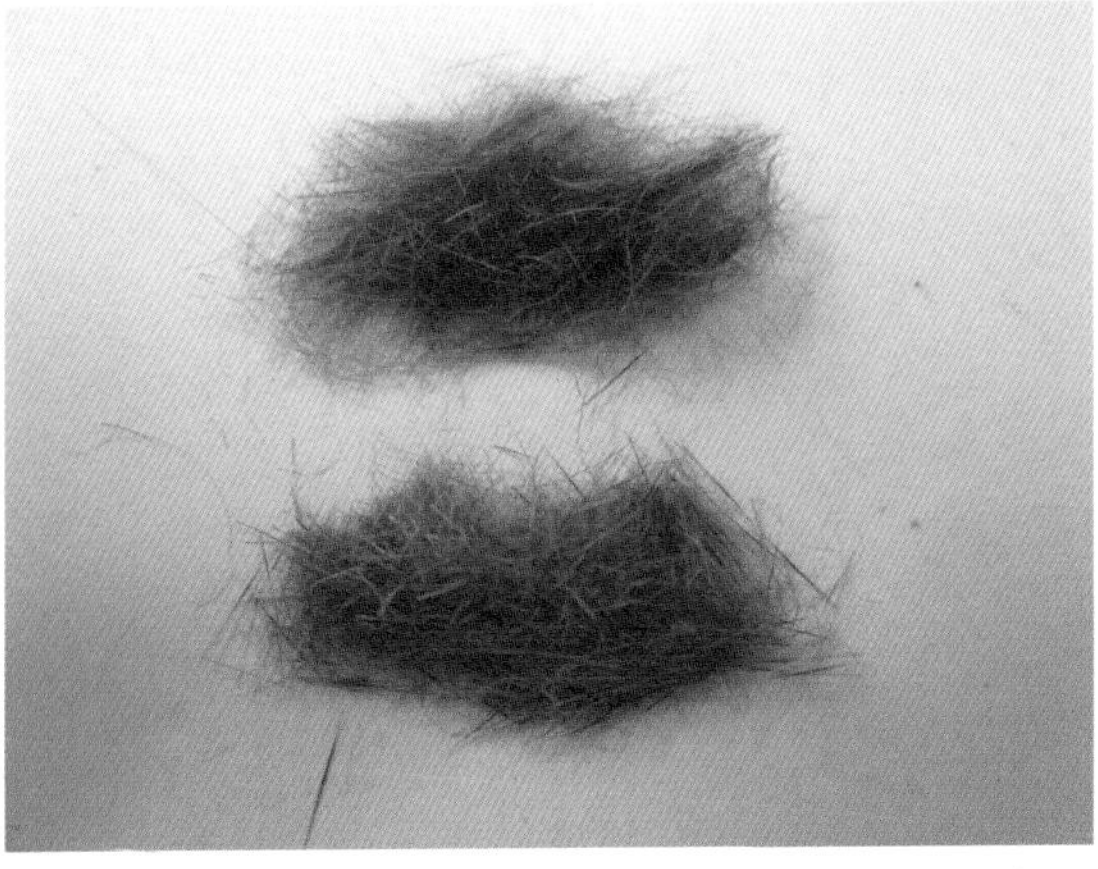

モモンガとヒメネズミからいただき、実験容器に並べた体毛（上がモモンガ、下がヒメネズミ）

ガノミの移動だって細心の注意を必要とするし、まー、とにかく**いろいろと難しいのだ。**

結果は、「モモンガノミはモモンガの体毛のほうばかりにもぐりこんでいった」だった。一時的に、ヒメネズミの体毛に入った、おっちょこちょいのノミも少なからずいた。でもすぐに気づくらしく、出てきてモモンガの体毛に入っていった。

もちろん、私は**とてもとてもうれしかった**のだ。近くにいたゼミ生たちにも詳しく詳しく説明してあげた。

ちなみに、私が本に、成功したケースばかりを書くので、実験が仮説どおりにいくのが当たり前のように思われてしまうかもしれないが、実際にはそうではない。本でお話しする実験の裏には、**仮説どおりにはいかなかった実験がいっぱいある**のだ。ただし、私くらいになると、仮説立てが並ではなくなるので、その仮説が支持される場合が結構多くなることも、これは自慢ではなくお伝えしておかなければなるまい。

その後、私は、複数のモモンガノミで何度も実験し、「モモンガノミがモモンガの体毛に選択的にもぐりこんでいく」ことを確認したのだ。

さて、愛すべき外部寄生虫「モモンガノミ」、最後にもう一つ、関連した話題をお話しして終わりにしたい。

ユビナガコウモリに外部寄生するケブカクモバエの宿主選択にしろ、今お話ししたモモンガノミによる宿主選択にしろ、これまで知られていない知見だった。私には、とても動物行動学らしい、かつ重要な発見のように感じられ、頭のなかはしばしば、「外部寄生虫による宿主選択」という学術的概念にしっかり寄生されてしまった。

そんなときだった。

ゼミ生のMmさんから次のような話を聞いたのだ。

「シカとイノシシが捕れたので、先輩のOgくんの家で解体する」

それはどういうことか？

つまりそれは、シカとイノシシの体毛と、かつ、それぞれの動物の外部寄生虫が同時に手に入る、ということではないか。

そんなチャンス、○×△□!!

仕事の関係で、開始の時刻に少し遅れてOgくんの家に到着したとき、庭の納屋の軒下には一頭の大きなイノシシが、頭を上向きにしてぶら下げられており、土間にはシカが横たわっていた。

解体作業のじゃまにならないように注意しながら、イノシシとシカの体に近づき（心でそっと手を合わせ）、私は死んでからあまり時間がたっていないこれらの動物たちの体毛のなかを調べはじめた。**めざすは「ダニ」である。**

Ｍｍさんから、「イノシシやシカの体にはいっぱいダニがついていますよ」と聞いていたが、確かにそうだった。吊り下げられたり、横たえられたりしていたイノシシやシカの体毛にはたくさんのダニがくっついていた。

イノシシやシカがヌタバ（イノシシやシカが土を掘り返し体を地面にこすりつける場所）で転がる理由がよくわかるような気がした。そうやって、たくさんのダニなどの外部寄生虫を落とそうとするのだろう。

私は携帯していった容器やピンセットなどで、**素早く実験に取りかかった。**イノシシの体毛とシカの体毛を容器の底に並べて置き、そこへ〝イノシシダニ〟を放したのだ。また、別の容器では、同じく底に両者の体毛を並べ、〝シカダニ〟を放したのだ。

ちなみに、実験前にすでに次のような思いが私の頭をよぎった。

ケブカクモバエやモモンガノミのときのような**「宿主選択」のクリアな結果はでないかもしれない。**

その理由は、〝イノシシダニ〟と〝シカダニ〟が同じ種類に見えたからだ。

つまり、そのときイノシシから採取したダニとシカから採取したダニが同じ種類のダニならば、そのダニはイノシシにもシカにも寄生するのではないか、ということだ。もしそうだとしたら、イノシシとシカという異なった動物の体毛を区別する性質をもつ必要はないのである。

そして、実験の結果は実際に、そのようになった。イノシシから採取したダニは、イノシシの体毛にもシカの体毛へももぐり

軒下に吊り下げられていたイノシシと、その体毛にくっついていたダニたち

こんでいき、シカから採取したダニもまた、イノシシの体毛にもシカの体毛へももぐりこんでいったのだ。**もぞもぞと移動しながら。**

一般に、ダニは宿主を選ばない傾向が強いことが知られているが、それが**ダニ類の生存戦略なのかもしれない。**さまざまな哺乳類の体表で生きていける汎用の形態や行動を備えているのではないだろうか。

そういった戦略も含め、特にモモンガノミについては今後、その習性を詳しく調べていきたいと思っている。

イノシシやシカから採取したダニで実験したあとの率直な感想を言うと、モモンガの体表に生息するモモンガノミやユビナガコウモリの体表に生息するケブカクモバエは、**外部寄生虫のなかでもかなり愛らしい**と思う。**ここだけの話だが。**

サッカー場の10分の1ほどの調査地に取りつけた、10個の巣箱から6種類の動物が見つかった話

哺乳類3種、鳥類1種、昆虫2種、いや驚いた！

私のゼミで、カワネズミの研究をしているＭｋさんは、大学院の入学式で、代表として次のような挨拶をした。ちなみにＭｋさんは学部を一年間留年（留学ではない）して卒業した。

……山のなかで、**クマに追われ、ハチに追われ、単位に追われ、**学部を一年長く経験しましたが、その体験のなかで野生動物を調べることの楽しさを心から知ることができました。

……

私は壇上で挨拶を聞いていたが、このフレーズで思わず噴き出した。

このフレーズのミソは「単位に追われ」という部分だ。学部卒業のためには一二八単位（大まかには半年続く一つの授業を受けて試験に合格すると二単位が取れる）必要なのだが、Ｍｋさんは少しそれに足らなかったのだ。だから、「ハチに追われ」というのと同じ様式で「単位に追われ」と言ったわけだ。つまり、実際にクマに追われたわけではなく、ハチに追われたわけでもない（それは私がよく知っている。**まークマやハチにちらっと出合ったことはあった**ようだが）。

「単位に追われ」と言って笑いをとるためにそえた、いわば架空のおかずみたいなものだ。

いずれにしろ全体として、ユーモアに富んだとてもよい挨拶だと私は思い、同僚の先生方もそう言っていた。

私はＭｋさんのこの挨拶をブログに書いたほどだ。読者の反応はとてもよかった。

ところがだ。

この挨拶を、ユーモアの部分も真面目な重要な情報として聞きとり、脳内にしっかり刻みこんでいた新入生がいたことを、私はあとで知ることになる。

その新入生は大学院の新入生ではなく、学部への入学生、つまり高校を卒業して大学という未知の環境に足を踏み入れる初々《ういうい》しい新入生だったのだ（大学の入学式と大学院の入学式は一

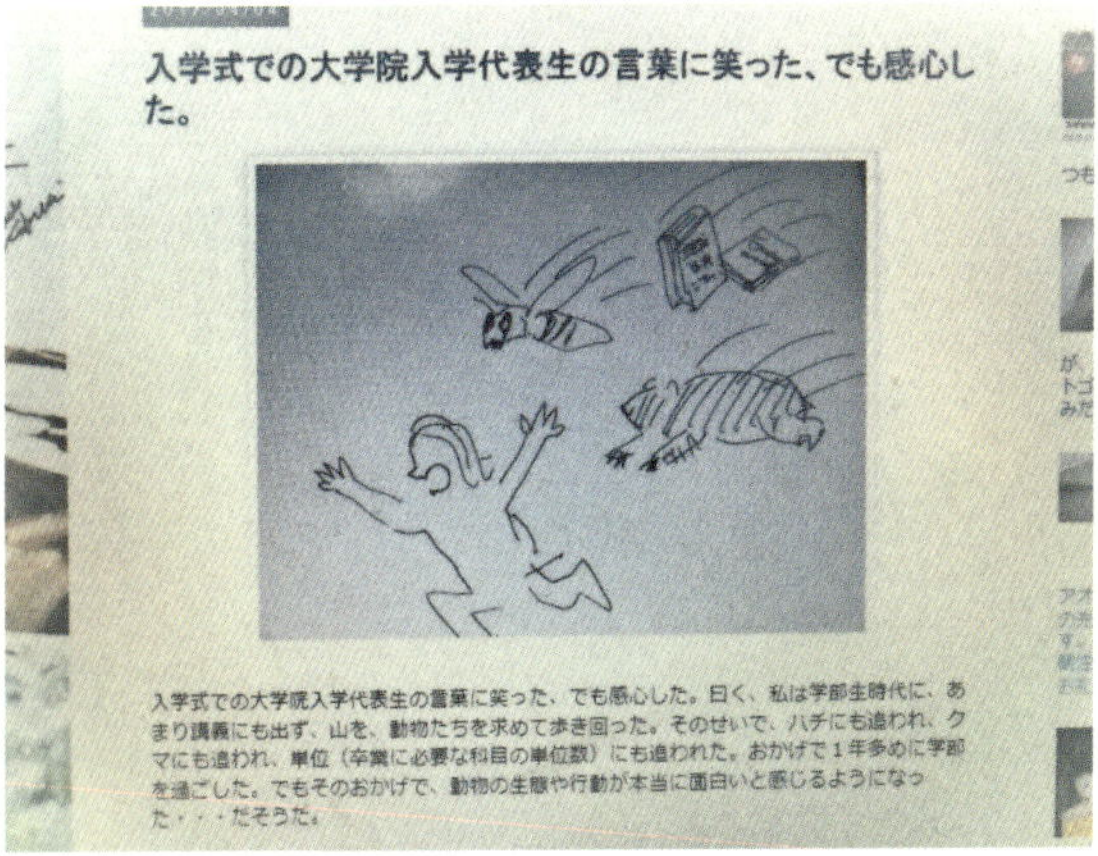

私はブログに、私の挿絵入りでMkさんの大学院入学式での挨拶について書いた

緒にやるのだ)。

その後、次のような経路をたどって、私に、殺虫除虫剤関連の大手企業で働いている大学一期生(一二年前に卒業)のTgくんからメールが届くなどと、**誰が予想しただろうか。**

①その新入生が「あーっ、この大学の先輩たちはハチに追われて困っているのだ」と思う。↓②その新入生の叔母にあたる方が、殺虫除虫剤関連大手企業の研究所の副所長さんだった。↓③その新入生が、入学式で聞いたことを叔母さんに話した。↓④その叔母さんと一期生のTgくんは親しかった。↓⑤その叔母さんがTgくんに「鳥取環境大学の卒業生なら誰か先生に連絡してつながりをつくって」(おそらくそういった感じだと思う)と依頼した。↓⑥Tgくんが私に連絡してきた。

以上。

かくして、入学式から何週間かたったある日、Tgくんから私にメールが送られてきたのだ。でも**世の中、面白いものだ。**こんな誤解から生まれた出来事でもそれなりに進んでいき、Tgくんと研究所の方が、開発中の薬と学生用のアンケート調査を持って私の研究室を訪ねられることになったのだ。

さて、この話はこのあたりにしておこう。

読者のみなさんのなかには、本章のタイトルが「サッカー場の10分の1ほどの調査地に取りつけた、10個の巣箱から6種類の動物が見つかった話」なのに、どうしてこんな話題から始めたのか疑問に思われる方もおられるかもしれない。

それは正しいご指摘だ。じつは、**正直、そこにあまり必然性はない。**でも、この話が面白かったので、常々どこかでできるだけたくさんの方に聞いていただきたいと思っており、ここで書かせてもらった。

ただし、まったく関係はないのかというと、けっしてそうでもないのだ。森に巣箱をつけると、クマは別として、時に、モモンガではなくて、ハチが巣をつくることはあるのだ。

いくつかご紹介しよう。

いずれにしろ、実習で、私はもちろん、学生がハチに刺されるようなことはなかったが、私自身は個人的な調査中に一度だけ、ハチに刺されてちょっと痛い目をみたことがある。

そのころ私は、ニホンモモンガが好む巣箱の、地上からの高さを調べるため、樹木の幹の、地上から〇・五メートル、三メートル、六メートルのところにそれぞれ巣箱を取りつけ、利用のされ方を調べていた。

八月（いや、ほんとうに）の終わりのころだったと思う。**忘れもしない。**かなり急な斜面にあったイヌシデの大木に取りつけた巣箱を点検していたときだった。

地上〇・五メートルのところに取りつけた巣箱を見て、**ぎょっとした。**

なにやら、**黄土色のものが巣箱の出入り口から流れ出すように外へと広がり、**巣箱の下半分を覆っていたのだ。

私はその一見、**異様な構造体**を見て、すぐに理解した。

これは**コガタスズメバチの巣**だ。巣箱の内部に巣をつくり、なかだけでは収まりきらなくなって外へと広がってきたのだ、と。それはもう、ここで言うのも大人げないが、私の経験からすると、容易な判断だ。

記録ノートに、「B8（調査地は〝B〟で、木の番号が〝8〟だったのだ）：コガタスズメバチの巣」と書いて、次の作業に取りかかった。

ちなみに、作業を手伝ってくれていたＩｙくんには近づかないように指示したが、Ｉｙくんが「８の木にハチが巣をつくっていて面白いですね」と言ったのを今でも覚えている。

コガタスズメバチの、巣箱からはみ出した巣を見ながら**「こりゃあすごいなー」**と思いつつも、私はそれでも、その上の、つまり三メートルと六メートルに取りつけている巣箱を点検しなければならない。三段梯子をのばし、コガタスズメバチ占有巣箱をまたぐようにして幹に立てかけ、上へ上へとのぼっていった。

すると、さすがに、幹に梯子があたったときの振動や、巣の外から聞こえる音などが刺激になったのだろう。巣箱からコガタスズメバチが出てきて、五、六匹が巣箱のまわりを飛びはじめたのだ。

でも私は動じない。子どものころから父親に連れられて、兄たちとともに山や野で仕事をして、いろんな種類のハチたちに何度も何度も接してきたんだ、といった自負があった。もちろん一人で野山をさまよい、ハチも含めていろんな動物の習性を学んできたという自信もあった。

巣箱に集中し、ゆっくりなかを調べると、三メートルの巣箱には何も入っていなかった。六メートルの巣箱にはモモンガの巣、つまりスギの樹皮を細かく裂いてつくった巣があった。でも、モモンガはいなかった。

下までおり、記録を書き、のばしていた梯子をもとにもどしていたときだった。私のちょっとした操作ミスで梯子の縁がコガタスズメバチ占有巣箱にあたったのだ。

こうなると**さすがにヤバイ。**

巣の危機と感じたのだろう。当然だ。なかから、**見るからに人相（蜂相）の悪そうな**個体が一〇匹ほど飛び出してきた。

私はこういったときに取るべき行動はよく心得ていた。**力のかぎり走って逃げるのだ**。斜面を**転がるようにして逃げた……**。でも、コガタスズメバチの攻撃はあっぱれだった。数匹が私の、半そでシャツから外に出ている腕を正確に刺したのだ。右腕だった。

もちろん痛かった。でもそういうところでは私は生来の野生児だ。子どものころ、何回かスズメバチに刺されたことはあった。刺された場所は痛くて腫れ上がったが、ほおっておいた。不快だったが別にどうもなかった。

Ｉｙくんは心配したが、私は気にしなかった。

その後、ハチたちの興奮が収まったころ、慎重に巣箱がついているイヌシデのところへ行き、梯子を抱えてもどり、予定どおりその後の点検調査をすべて終えた。

右腕は腫れ上がり、一週間ほど腫れはひかなかった。


もう一つお話ししよう。

今度はマルハナバチだ。マルハナバチは、体はコガタスズメバチより大きいが、性格は違って、とても穏やだ。

巣箱のなかでマルハナバチに出合ったのは、調査地域に巣箱を設置しはじめてから三、四年たったころだった。このときは八月ではなく六月だった（記録にある）。

ある調査地でのことだ。梯子を上って巣箱の蓋を開けると、モモンガがつくった巣（スギの樹皮の繊維の塊）のなかから、**ブーーーッ、ブーーーッ、ブーーーッ**といった聞きなれない音がするのだ。

私にだってわからないこともある。動物が出す音であることはわかったが、その動物の正体はわからなかった。手袋をして、巣箱から取り出した巣をゆっくりとかき分けてみた。するとどうだろう。黄色くて小さい繭《まゆ》のようなものがたくさんくっついた、得体のしれないものの上に、マルハナバチが数匹乗り、翅《はね》を小刻みに震わせていたのだ。

ブーーーッ、ブーーーッ、ブーーーッという音は、この翅の音だったのだ。そしてそのハチたちは飛び立ち、〝繭の集合体〟の中心部から大きめのマルハナバチがゆっくり姿を現わしたのだ。

〝繭の集合体〟は、私がはじめて見る構造物だったが、もちろんすべてを理解した。

いくつかの〝繭〟には穴が開いていたので、おそらく、蛹から成虫になり膜を破って出てきた子ども（働きバチ）たちが、翅を震わせていたのだろう。構造物の中心から出てきた個体は女王バチだろう。

私ははじめて見るマルハナバチの巣に**ちょっ**

モモンガの巣のなかにマルハナバチがいた。黄色の小さな繭のようなものの集合体のなかから出てきた大きめのハチ（矢印）は、多分女王バチだろう

と感動した。これをモモンガの巣のなかにつくっていたのだ。

ちなみに、**マルハナバチの生活史はこうだ。**

越冬前に交尾をすませた雌（女王）が、春に活動を開始し、ネズミ類がつくった巣を利用して、そのなかで彼女自身の巣をつくる（その巣が、〝繭〟の集合体だ）。やがて、一つひとつの〝繭〟のなかに産み落とされた卵が羽化して、母である女王を助けて巣を大きくし、姉妹たちが増えていく。子どもたちは、巣の近くの草や木の花から蜜や花粉を運んでくる。

マルハナバチは近年減少しており、マルハナバチと共生関係（蜜をもらって受粉する）にある森の花咲く植物たちも減少している。

私は〝繭〟の房を、女王バチごとモモンガの巣材（スギ樹皮繊維）で包み、もとの巣箱へともどしてやった。

そんなことがあってから、その調査地の近くのいくつかの調査地の巣箱のなかでマルハナバチに出合うようになった。まれな出合いではあったが、モモンガが残していったスギ樹皮繊維のなかから、ブーーーッ、ブーーーッ、ブーーーッという音が巣箱から聞こえると、「あっ、あいつらがいるな！」と思い、そのまま蓋を閉じて梯子を下りた。

そのあたりに生息するマルハナバチの間で、**「モモンガの巣が、私たちの巣づくりの場所にとてもいいわよ」**みたいな噂が広がったのだろうか。

保全生態学の授業でマルハナバチの話はよくしていたから、ちょうどフィールドワークのときにマルハナバチの巣に出合うと、ちょっとモモンガの巣材をかき分けて学生たちに観察させた。学生たちも、もちろんはじめて見るものだったから興味津々で見入っていた。


さて、「サッカー場の10分の1ほどの調査地に取りつけた、10個の巣箱から6種類の動物が見つかった話」だ。

新大学院生のMkさんの心をとらえた「野生生物の面白さ、驚き」は、私の場合も、まさしく、学問的な知的好奇心と並んで、**研究に向かわせる原動力**だ。

これからお話しする、一種の事件も私にとっては驚きの出来事だった。

智頭町《ちづちょう》芦津《あしづ》の森につくっているモモンガの調査地は、全部で一八カ所で、一つひとつの調査地には、おおよそ三〇メートル四方の面積のなかに一〇～一二個の巣箱をつけている。

調査の初期のころは、地上から〇・五メートル、三メートル、六メートルのところに巣箱を取りつけていたが、ニホンモモンガがほぼ例外なく六メートルの巣箱を利用するということがわかってからは、取りつけは六メートルの場所だけにした。

〝**事件**〟**が起こった**のは、二〇一七年に卒業していったゼミ生のＳｇくんとＹｔくんが三年生のとき（つまり二〇一五年）、一緒に行って巣箱の取りつけ作業を手伝ってくれた調査地だった。

調査地の入り口には、ほかの場所ではなかなか見ることはできないヒカゲノカズラ（シダ類の一種だがかなりの変わり種《だね》）が幅約三メートル、長さ約四〇メートルにわたって地面を覆い、

モモンガの調査地の入り口には、めったに見ることのできないヒカゲノカズラが幅約３メートル、長さ約40メートルにわたって地面を覆っていた

向かって左側には谷川が、右側にはブナやイヌシデ、ミズナラが生い茂る低い尾根があった。

　そうそう、近くには、トチノキがシンボルのように立つ素敵な小屋があった（地元の人たちが冬の間、林業用の重機を保管しておくためにつくられた小屋だったが、なかには、二〇人くらいなら泊まれるように、台所やシャワー室もあった）。

　ＳｇくんとＹｔくんとの作業は、四月の晴天の日に行なったのだが、二人のユーモアたっぷりの会話とてきぱきとした動きで、とても楽しく気持ちよく進んだことを覚えている。

　昼食は小屋のそばの谷川のほとりでとったのだが、Ｓｇくんが、（私が持参した）スイカやナシを、アレルギーで食べられないことや、Ｙ

調査地の近くにある、トチノキがシンボルのように立つ小屋。地元の人たちが冬の間、林業用の重機を保管しておくためにつくられた小屋だ

tくんが、胃腸が慢性的に弱いことなどを知った。それぞれいろいろあるのだけれど、そんなことは外には感じさせず快活にふるまっていることに感心した。しばしば弱音を吐いて学生たちに心配をかける私とは違うのだ。

そんな調査地に、私は二〇一七年五月、**一人で巣箱の点検に行った。**

同行してくれる学生がいなかったわけではない。声をかければ行きたいという学生たちはいるのだが、一人で行った。**私は、そういった時間をちょくちょくもつようにしている。**一人で自然と対峙《たいじ》する時間が私には必要なのだ。

ヒカゲノカズラのじゅうたんの上を歩き森に入ると、シジュウカラが、前方のスギの枝を飛

2017年5月、私は一人で巣箱の点検に行った。一人で自然と対峙する時間が私には必要なのだ

びかいながらツッピー、ジュルジュルジュルジュル、ツッピー、ジュルジュルジュルジュルと鳴いていた。威嚇音だ。

あー、巣箱のなかにきっと卵かヒナがいるのだなー、と思いつつ**「ちょっとだけ調べさせてよ」**と言いながら、梯子をかけ、**一番手前の巣箱**を調べた。

いた、いた。もうかなり大きくなった**ヒナが巣箱のなかに五羽**いた。一羽は自力で巣箱の穴から出てきて、もう飛び立ちそうな勢いだ。もちろんこのまま飛び立ったら地面に落下する。巣箱のなかに押しこみ、巣箱をもとどおりスギの幹に固定し梯子を下りた。

親鳥は相変わらず、近くの木の枝を飛び

1つ目の巣箱のなかには、もうかなり大きくなったシジュウカラのヒナがいた

まわりながら、ツッピー、ジュルジュルジュルと鳴いている。これだけのヒナたちの腹を満足させるための餌を運ぶのは大変だろう、と思いながら、次の巣箱へと向かった。

次の巣箱は空っぽだった。ヒメネズミのものだと思われる糞が落ちていた。ここで何かを食べたのかもしれない。

ではまた**次の巣箱。**

巣箱の蓋を開けるとモモンガの巣と思われる（いや、間違いなくそうだ）スギの樹皮繊維でいっぱいだった。でもモモンガはいないだろう。巣箱の重さでわかるのだ。だけどなかにはモモンガではない動物がいた。巣材の奥から聞こえてくる音でわかるのだ。

ブーーーッ、ブーーーッ、ブーーーッ、………そうマルハナバチだ。

その音に聞き入っていると、やがて数匹のハチが巣材から這い出し、飛び立ったかと思うと、私の顔のまわりを飛びはじめた。しっかり子どもが育ったのだなーとうれしい気持ちになった。

巣箱の蓋を閉め「悪かったね」と言いながら、梯子を下りていった。

次の巣箱には、昨年の秋に、ヒメネズミが繁殖のために使ったと思われるイヌシデの葉でできた巣があり（ヒメネズミはとにかく近くで手に入る巣材で巣をつくる。あるときはミズナラの葉、またあるときはチシマザサの葉、ブナの葉……といった具合だ）、その**次の巣箱**はまったくの空だった。いや失礼、**カマドウマが数匹**入っていた。

カマドウマは、それを知っている人にはあまりイメージがよくない昆虫で、分類学的にはバッタ目に属している。跳躍力はものすごく（三メートル近く跳ぶこともある。翅は痕跡しかないくらい小さくなっているので、飛ぶことはできず、跳ぶのである）、跳ぶ方向も予測できず、それも、そのちょっと変わった容姿と相まって印象を悪くしているのだろう。さらに、人の居住地のなかにも生息範囲を広げており、「便所コオロギ」などと呼ばれることもある。

結局、私が言いたいのは、**まったく、カマドウマにとっては失礼な話だ！**ということだ。断言しておく。私は、ほかの動物についてと同じく、カマドウマの味方だ。生存・繁殖に適応した形態、行動……、敬意を払うし、なによりも眺めるのが楽しい（ただし、大きなミミズについては、敬意は払うが、眺めたら背筋がゾゾッとする）。

さて**次の巣箱**だ。

次の巣箱の蓋を開けて、**私はびっくりした。**

なんとそこには**二匹のかわいいヤマネがこっちを見ている**ではないか。

そんな光景、**ちょーーっと出合えませんよ。**

巣箱のなかに入っているヤマネとは何度も何度も出合ってきたが、二匹でこっちを見ているようなヤマネなどには一回も出合ったことはない。ヤマネを研究している人も、きっとこんな場面、出合ったことはないのではないだろうか。

なにせ、普通はヤマネは驚いて奥へ隠れたり、巣箱から飛び出したりするものだ。二匹して、蓋を開けた大型動物を興味深そうに見つめてどうするんだ。ダメもとで構えたカメラに、**そのままの目線で、写真に写ってどうする！**

さらに、二匹が巣箱に持ちこんだと思われる

6つ目の巣箱の蓋を開けると……なんとかわいいヤマネが2匹、こちらを見ていた。写真を撮ろうとしたら、ばっちりカメラ目線をくれた

巣材が奇妙だ。

ヤマネの場合、十中八九、持ちこむ巣材はコケとスギの樹皮（ただしモモンガの巣材ほど樹皮が細かくは裂かれていない）だ。なのに、この方たちはスギの枯れ葉を持ちこんでいるではないか（コケも下に少し敷いていたが）。

まー例外的なヤマネがいたとしても……それが自然だ。**彼らにもいろいろ事情があるのだろう。**

蓋をそっと閉めて、さあ、次の巣箱だ。

次の巣箱には古くなったブナやミズナラの枯れ葉が、外側は粗く、中側は細かく刻まれた状態で入っていた。四つ目に出合った巣箱の巣と同じく、ヒメネズミが昨年の秋使ったと思われた。

次の巣箱には、モモンガが別荘にでも使っているような（モモンガはほんとうに、一個体が複数の巣をつくって別荘のように利用するのだ）、あるいは、本格的に巣をつくりはじめたのだが、なんらかの理由で**「やーめた」**と巣づくりをやめてしまったような、少量のスギ樹皮繊維が入っていた。もちろんそこにモモンガの姿はなかった。

残る巣箱の数は少なくなっていた。モモンガとは会えないのか……と思いながら向かった**次の巣箱**でのことである。

ちょっとした期待も胸に梯子を上り、それまでどおり、巣箱の上部にある出入り口を手袋でふさぎ、下方の蓋（蓋と言っても巣箱上面ではなく、前面下半分が開くようになっているのだ）を開けた。そこに見えたものは、緑色の乾いたコケと、それに織りこまれたような白い獣毛である。

あー、シジュウカラかヤマガラの巣か。親が近くに来て騒がないところをみると、もうヒナは巣立ったのかもしれない……などと思いながら、巣材をかき分けかけたそのときだった。巣の奥で音がしたかと思ったら、一匹の明るい茶色の**何かが巣箱からバサバサという感じで飛び出していった**のだ。

鳥ではない。モモンガでもない。もちろんヤマネでもない。**私の脳がすぐに反応した。**

動物の瞬時の判別にかけてはかなり**高性能の、野生の脳だ。**そしてその脳が少し間をおいて確信をもって言った。

コウモリだ！　コウモリだ！

種類はたぶん、**コテングコウモリだ！**

そして巣材のなかを慎重に調べた結果、飛び出した個体も含め、**五匹のコテングコウモリがなかに入っていた**ことがわかったのだ。

コテングコウモリは日本に生息するコウモリのなかでは最小のコウモリで、本来、朽木の樹皮の裏側や、クズの葉のように面積が大きく、枯れると丸まって内側に空間ができる葉の、その空間部をねぐらにする習性をもつ。

もちろん私くらいの研究者になると、コテングコウモリも、それよりさらに出合うことが難しいテングコウモリも知っている。子どものころから現在までの、ずーーーーっと、ずーーー

9つ目の巣箱で出合ったのは、コテングコウモリだった

ーっと長い長い自然とのつきあいのなかで、出合っているのだ。

ちなみに、**私のずーーーーっと、ずーーーーっと長い長い自然とのつきあい**において、コテングコウモリが小鳥用（モモンガ用）の構造の巣箱に入っている場面には立ち会ったことはなかった。**聞いたこともない。**さらに五匹が一緒にいるのも見たことがない。**聞いたことは、**少しある。

四匹のコテングコウモリについては、体長や体重、性別のチェックをしなければならない。

コウモリたちが入っている巣箱をそのまま地面まで持って下り、巣箱ごと網袋に入れゆっくり蓋を開けた。

巣材のなかを調べると、飛び出したコウモリも含め５匹のコテングコウモリが巣のなかにいたことがわかった

出てきた、出てきた。四匹のコテングコウモリがバタバタしながら、「おい、ずいぶんと丁寧に扱ってくれたじゃんか。**おまえいったい何者じゃー！**」みたいな感じで。

感じ悪……、嘘、**メッチャ魅力的。**

確かに動き方は乱暴だったが、私は彼らの姿に**うっとりして気を失いそうになった**くらいだ。言うまでもないが、しっかり確認した結果、私の直感は間違っていなかった。正真正銘のコテングコウモリだった。

巣箱に残っていた四匹のコウモリは、成獣の直前くらいの体重（四・四グラム、三・八グラム、三・八グラム、三・六グラム）だったことから判断して、もしかしたら次のような会話をかわしていたりして。

「俺らよー、ちょっと不良っぽいことやってみようぜ。大人たちは単独行動だけどよー**俺らはつるもうぜー。**ねぐらもよー、樹皮の裏とか葉っぱのなかとか、そういうダサいところはやめて、しゃれた巣箱かなんかで暮らそうぜー」……みたいな。

さて**最後の巣箱**だ。

シジュウカラ、マルハナバチ、カマドウマ、ヤマネ、そしてコテングコウモリ、もう十分だ。

コテングコウモリについては、そのとき大学で行なっていた「コウモリ類におけるフクロウの鳴き声の認知」の実験のために大学に連れて帰ることにした。もちろん数カ月後、またここに放してやる。

もう十分だったのだが、でも、最後の巣箱にも、ある動物がいたのだ。

どんな動物か、読者のみなさんはおわかりになるだろうか？

最後に顔を見せてくれたのは、ほかならぬ、ニホンモモンガ、なのだ。

まずは、巣箱の重さから、モモンガ（一匹）の存在が予想された。経験でわかるのだ。

蓋を開けると、スギの樹皮繊維がびっしり詰まった、見慣れた例の光景が目に入った。

「いつ見てもいいよな。この光景」

そして私は、いつものように巣箱を幹から外して梯子を下りた。

予想どおり、網袋のなかで、一匹の元気な雄が飛び出してきた。

いつもの作業だったが、最後にモモンガがいて、調査結果の学術的な意味とは別に、なにやらうれしかった。

ＳｇくんとＹｔくんのオーラが、その調査地の巣箱に動物たちを導いたのかもしれない。

最後の巣箱にいたニホンモモンガ

著者紹介

小林朋道（こばやし　ともみち）

1958年岡山県生まれ。

岡山大学理学部生物学科卒業。京都大学で理学博士取得。

岡山県で高等学校に勤務後、2001年鳥取環境大学講師、2005年教授。

2015年より公立鳥取環境大学に名称変更。

専門は動物行動学、人間比較行動学。

著書に『絵でわかる動物の行動と心理』（講談社）、『利己的遺伝子から見た人間』（PHP研究所）、『ヒトの脳にはクセがある』『ヒト、動物に会う』（以上、新潮社）、『なぜヤギは、車好きなのか？』（朝日新聞出版）、『進化教育学入門』（春秋社）、『先生、巨大コウモリが廊下を飛んでいます！』をはじめとする、「先生！シリーズ」（今作第12巻）（築地書館）など。

これまで、ヒトも含めた哺乳類、鳥類、両生類などの行動を、動物の生存や繁殖にどのように役立つかという視点から調べてきた。

現在は、ヒトと自然の精神的なつながりについての研究や、水辺や森の絶滅危惧動物の保全活動に取り組んでいる。

中国山地の山あいで、幼いころから野生生物たちとふれあいながら育ち、気がつくとそのまま大人になっていた。1日のうち少しでも野生生物との“交流”をもたないと体調が悪くなる。

自分では虚弱体質の理論派だと思っているが、学生たちからは体力だのみの現場派だと言われている。

ツイッターアカウント @Tomomichikobaya

先生、オサムシが研究室を掃除しています！

鳥取環境大学の森の人間動物行動学

2018年5月31日　初版発行

著者　小林朋道

発行者　土井二郎

発行所　築地書館株式会社
〒104-0045
東京都中央区築地7-4-4-201
☎03-3542-3731　FAX 03-3541-5799
http://www.tsukiji-shokan.co.jp/
振替00110-5-19057

印刷製本　シナノ印刷株式会社

装丁　阿部芳春

ISBN978-4-8067-1559-7

大好評、先生！シリーズ

［鳥取環境大学］の森の人間動物行動学

小林朋道［著］　　各巻 1600 円＋税

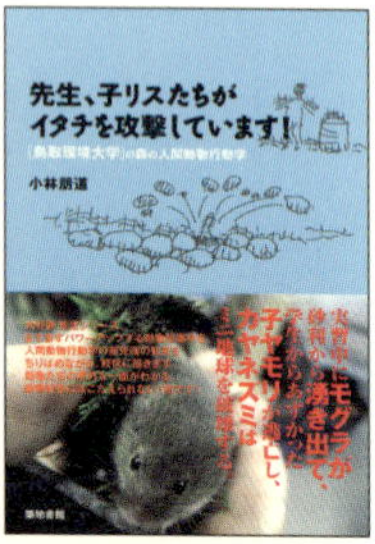

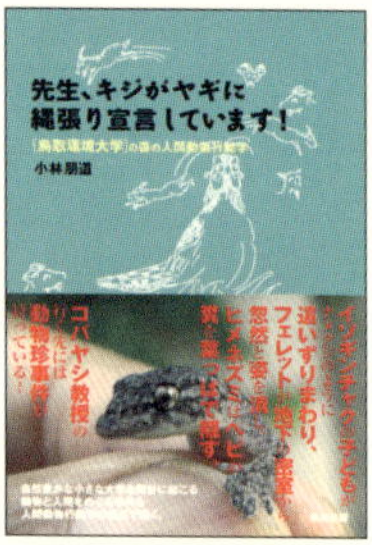

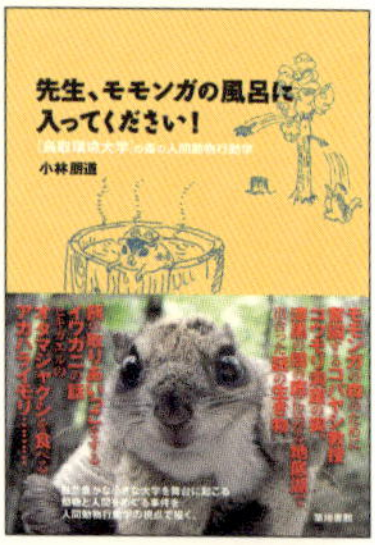